基础材料行业资源消耗
与废物排放研究

陆钟武 杜 涛 岳 强 王鹤鸣 高成康 著

科 学 出 版 社

北 京

内 容 简 介

本书以科学发展观、全面深化改革为指导思想，采用分析思维(还原论)与综合思维(整体论)二者相结合的方式，基于研究组在工业生态学研究工作中长期积累起来的理论成果，建立基础材料行业宏观调控的一套新理论和新方法，其核心是基础材料行业宏观调控网络图。用这套理论和方法，回顾过去，阐明我国基础材料行业产量高、能耗高、物耗高、排放量高问题的症结；展望未来，提出今后调控工作的方向、措施和目标。

本书可以作为我国钢铁、有色金属、水泥等基础材料行业的管理者、从业者，以及相关领域研究人员、技术人员的参考书。

图书在版编目（CIP）数据

基础材料行业资源消耗与废物排放研究/陆钟武等著. — 北京：科学出版社，2020.10
ISBN 978-7-03-059887-5

Ⅰ. ①基… Ⅱ. ①陆… Ⅲ. ① 材料工业–物资消耗–研究–中国 ② 材料工业–废物排放–研究–中国 Ⅳ. ①X322.2

中国版本图书馆 CIP 数据核字（2020）第 180085 号

责任编辑：牛宇锋 罗 娟 / 责任校对：王萌萌
责任印制：吴兆东 / 封面设计：蓝正设计

科 学 出 版 社 出版
北京东黄城根北街 16 号
邮政编码：100717
http://www.sciencep.com

北京九州迅驰传媒文化有限公司 印刷
科学出版社发行 各地新华书店经销
*
2020 年 10 月第 一 版 开本：720×1000 1/16
2020 年 10 月第一次印刷 印张：9 1/4
字数：174 000
定价：88.00 元
（如有印装质量问题，我社负责调换）

著 者 说 明

本书主要是在以下两个中国工程院咨询研究项目研究报告的基础上经整理撰写而成，由于项目研究中涉及的基础数据是在 2015 年之前，以及出于对陆钟武院士原创内容的尊重，本书对研究报告中涉及的数据并未进行更新调整，特此说明。

陆钟武院士承担的两个中国工程院咨询研究项目：

(1) 钢铁行业产量、能耗、物耗、排放的宏观调控研究(2014-XY-07)。2014 年 1 月至 2015 年 6 月。

(2) 降低基础材料行业资源消耗、废物排放的战略研究(2015-XY-11)。2015 年 1 月至 2016 年 6 月。

著　者

目　　录

水泥行业与铝行业篇

钢铁行业篇

引　言

我国钢铁行业产量高、能耗高、物耗高、排放高，是个大问题，全国上下都很关注，报刊上发表了不少评论。但是，大家的看法很不一致，甚至有些看法是针锋相对的。例如，关于钢铁行业存在的主要问题，有人认为是过于分散，有人认为是产能过剩。关于钢铁行业改革的方向，有人认为是转变政府职能，利用市场机制化解产能过剩；有人认为应加强中央政府的宏观调控力度，控制地方政府投资。总之，有关我国钢铁行业的现状和改革方向，尚未形成共识。这种情况对于解决我国钢铁行业现存问题的症结十分不利。为此，需要对这个问题进行深入透彻的研究。

本篇的任务是对钢铁行业产量、能耗、物耗、排放的宏观调控进行全面深入的研究。

本篇的指导思想是贯彻落实中共十八大和中共十八届三中全会精神，进行全面深化改革，建设资源节约型、环境友好型社会。

本篇所采用的思维方式是分析思维(还原论)和综合思维(整体论)二者的结合。分析思维的特点是抓住一个东西，特别是物质的东西，分析下去，分析到极其细微的程度，可是往往忽略了整体联系。综合思维是有整体观念，讲普遍联系，而不是只注意个别枝节或局部。

本篇的理论基础是在工业生态学研究工作中长期积累起来的有关理论成果，主要是一系列概念、公式和图表等，详见本篇的附录。

附录是本篇的一个重要组成部分，全部内容都是我们以前的研究成果，而且都与本篇直接相关。正是因为有了附录，正文才得以写得简短顺畅，避开了许多繁杂的推理过程和详细论述。

本书在完成过程中，得到中国工程院徐匡迪院士和东北大学蔡九菊教授等专家学者的支持和帮助，特此感谢。

第1章 钢铁行业研究方法

1.1 总体思路

本章采用分析思维(还原论)和综合思维(整体论)相结合的方法,明确钢铁行业关于能耗、物耗、排放问题的内部和外部参数,提出钢铁行业宏观调控的网络图和计算式,基本上形成一套自成体系的理论和方法。

1.1.1 关注钢铁行业内部和外部的主要参数

全面深入研究钢铁行业的产量、能耗、物耗、排放的宏观调控问题,关键是要扩大视野。在研究工作中,既要关注钢铁行业内部的各主要参数,又要关注外部的各主要参数。这是因为钢铁行业不是一个独立的系统,而是社会经济系统中的一个子系统。

现将钢铁行业内部、外部必须关注的各主要参数分别列举并说明如下。

1. 钢铁行业内部的参数

(1) 钢铁行业能耗(E),吨标煤/年。

(2) 钢铁行业物耗(M),吨实物/年。

(3) 钢铁行业排放量(W),吨废物/年。

(4) 钢铁行业废物产生量(W'),吨废物/年。

(5) 钢产量(P),吨/年。

(6) 原生钢产量(P_1),吨/年。

(7) 再生钢产量(P_2),吨/年。

以上各参数虽然属于钢铁行业内部,但是它们的数值大小仍取决于钢铁行业的外部条件。

2. 钢铁行业外部的参数

(1) 在役钢量(S),吨/年。

(2) 实际完成的 GDP(G),万元/年。

(3) 国家规划的 GDP(G'),万元/年。

(4) 人口数量(C),人。

(5) 投资量(Z)，万元/年。

这些参数虽然是钢铁行业外部的参数，看似与钢铁行业无关，但是它们会对整个钢铁行业产生重要影响。

3. 对其中七个参数的简要说明

(1) **原生钢产量(P_1)**：是指某年某国从铁矿石中提炼出来的钢产量。

(2) **再生钢产量(P_2)**：是指某年某国从废钢中提炼出来的钢产量。

(3) **在役钢量(S)**：是指某年某国在使用过程中全部钢制品所含的钢量。钢制品是指各种人造的含钢制品，包括房屋建筑、基础设施、机器设备、交通工具、各类容器、生活用品等。各种钢制品的使用寿命是有限的，因此凡是已报废或不再使用的钢制品中所含的钢量，均不再计入在役钢量。

例如，2010 年某国的在役钢量示意如图 1-1 所示。图中，设该年钢制品平均寿命为 20 年，故该年该国的在役钢量(不考虑进出口贸易及库存量的变化)为

$$S_{2010} = P_{2010} + P_{2009} + \cdots + P_{1992} + P_{1991}$$

式中，S_{2010} 为 2010 年在役钢量；P_{1991}、P_{1992}、$\cdots$、P_{2010} 分别为 1991 年、1992 年、$\cdots$、2010 年钢产量。

某年某国的在役钢量是支撑该年该国 GDP 的物质基础之一。为了把钢产量问题研究清楚，在役钢量的概念是不可或缺的。

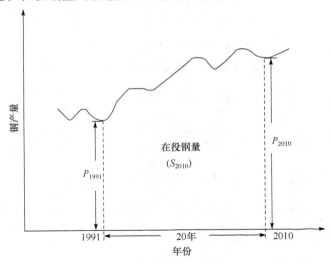

图 1-1 2010 年某国在役钢量示意图

(4) **实际完成的 GDP(G)**：是指国家实际完成的 GDP 统计值。

(5) **国家规划的 GDP(G')**：是指按国家正式发布的中长期规划制定的 GDP 增

速计算出来的 GDP(我国五年规划曾制定"人均 GDP 十年翻一番")。

(6) **人口数量**(C)：是指某年某国人口的数量。

(7) **投资量**(Z)：是指某年某国中央、地方及社会投入国民经济的资金量。在投资量中，一部分是投向兴建固定资产的，因此对钢产量的需求量有直接影响。

1.1.2 列出主要参数间的比值

依据上述各个参数间的相互关系，列出其中各相邻参数之间的比值，因钢铁行业内部和外部的主要参数共有 12 个，故相邻参数之间的比值有 11 个。详细信息列于表 1-1。

表 1-1　网络图中相邻参数间的比值表

序号	比值	内容	名称	常用单位
1	E/P	钢铁行业能耗/钢产量	吨钢能耗	吨标煤/吨
2	M/P	钢铁行业物耗/钢产量	吨钢物耗	吨实物/吨
3	W'/P	钢铁行业废物产生量/钢产量	吨钢废物产生量	吨废物/吨
4	W/W'	钢铁行业排放量/钢铁行业废物产生量	废物排放率	吨废物/吨废物
5	P_1/P	原生钢产量/钢产量	原生钢比	吨/吨
6	P_2/P	再生钢产量/钢产量	再生钢比	吨/吨
7	P/S	钢产量/在役钢量	单位在役钢的钢产量	吨/吨
8	S/G	在役钢量/实际完成的 GDP	单位 GDP 的在役钢量	吨/万元
9	G/G'	实际完成的 GDP/国家规划的 GDP	GDP 完成率	万元/万元
10	G'/C	国家规划的 GDP/人口数量	人均 GDP(国家规划值)	万元/(人·年)
11	Z/G	投资量/实际完成的 GDP	投资比	万元/万元

请注意，$\dfrac{P}{G}=\dfrac{S}{G}\times\dfrac{P}{S}$，其名称为单位 GDP 钢产量($T$)，惯用单位是吨/万元。它是唯一由两个比值合成的，是钢铁行业宏观调控的主要抓手(详见附录四)。

1.1.3 构建钢铁行业的网络图

按照钢铁行业内部和外部的各个参数及其相互之间的关联情况，绘制"钢铁行业宏观调控网络图"，其中标明了各主要参数在图中的位置以及各相邻参数之间的比值，如图 1-2 所示。

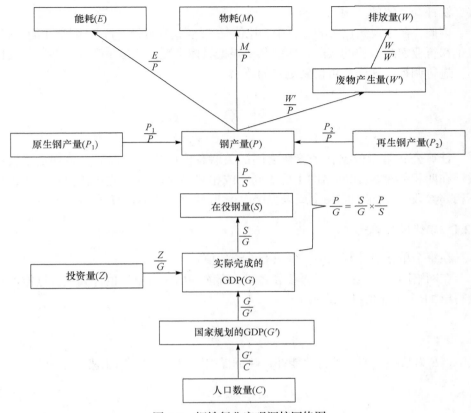

图 1-2 钢铁行业宏观调控网络图

1.1.4 关于网络图的若干说明

(1) 图 1-2 很重要,因为它追根溯源,统揽全局;这张图很好懂,因为它层次分明,经纬清晰;这张图很实用,因为图中的每一个比值都能使钢铁行业 E、M、W 发生变化。钢铁行业外部的各项比值,直接影响的是钢产量,通过钢产量的变化再影响 E、M、W 三者。

(2) 这张图有两种读法:一是由上向下读,即由网络图的顶层目标一直读到人口数量。这是由近及远、由果到因的读法。二是反过来,由远及近、由因到果的读法。

(3) 所谓宏观调控,有点像中医的点"穴"。在这个意义上,这张图亦可称为钢铁行业宏观调控的经络图。

经络图上的"穴位",相当于网络图上的"比值"。穴位是中医给患者治病的着力点(用针灸、按摩);"比值"是决策者对经济社会系统进行宏观调控的着力点(用方针、政策)。找准了"穴位",才能治好患者的病;找准了"比值",才能治好经济社会系统的"病"。

因此，在宏观调控者的心目中，比值是"纲"，参数是"目"，纲举才能目张。在钢铁行业宏观调控的实际工作中，要根据具体情况，找准少数几个参数间的比值，进行调控。这样，可得到更好的效果。

1.2　计算公式

计算公式是指依据各个参数之间的关联程度所建立起来的一系列定量关系式：在两相邻参数(在网络图中位于同一或相邻层次)之间建立单比值计算式；在不相邻参数(参数间相隔两个或以上层次)之间建立多比值计算式。

1.2.1　单比值计算式

在每个单比值计算式中，都只有一个比值。

在网络图中，每一对相邻参数之间，都能写出一个单比值计算式。这样可直接写出 11 个单比值计算式：

$$E = P \times \frac{E}{P} \tag{1-1}$$

式中，E 为某年某国钢铁行业能耗，吨标煤/年；P 为某年某国钢产量，吨/年。

$$M = P \times \frac{M}{P} \tag{1-2}$$

式中，M 为该年该国钢铁行业物耗，吨实物/年。

$$W = W' \times \frac{W}{W'} \tag{1-3}$$

式中，W 为该年该国钢铁行业废物产生量，吨废物/年。

$$W' = P \times \frac{W'}{P} \tag{1-4}$$

式中，W 为该年该国钢铁行业排放量，吨废物/年。

$$P_1 = P \times \frac{P_1}{P} \tag{1-5}$$

式中，P_1 为该年该国原生钢产量，吨/年。

$$P_2 = P \times \frac{P_2}{P} \tag{1-6}$$

式中，P_2 为该年该国再生钢产量，吨/年。

$$P = S \times \frac{P}{S} \tag{1-7}$$

式中，S 为该年该国的在役钢量，吨/年。

$$S = G \times \frac{S}{G} \tag{1-8}$$

式中，G 为该年该国实际完成的 GDP，万元/年。

$$G = G' \times \frac{G}{G'} \tag{1-9}$$

式中，G' 为该年该国规划的 GDP，万元/年。

$$G' = C \times \frac{G'}{C} \tag{1-10}$$

式中，C 为该年该国的人口数量，人。

$$Z = G \times \frac{Z}{G} \tag{1-11}$$

式中，Z 为该年该国的投资量，万元/年。

以上各式虽然看似很简单，但都很重要。例如，式(1-1)~式(1-4)说明，研究钢铁行业能耗、物耗、排放问题，一定要特别关注钢产量(P)，因为它是影响全行业能耗、物耗、排放的重要因素。

1.2.2 多比值计算式

1. 钢铁行业能耗、物耗、排放量的多比值计算式

综上所述，联立式(1-1)及式(1-7)~式(1-10)，得

$$E = C \times \frac{G'}{C} \times \frac{G}{G'} \times \frac{S}{G} \times \frac{P}{S} \times \frac{E}{P} \tag{1-12}$$

式(1-12)是依据某年某国钢铁行业能耗(最顶层参数)与该国人口数量(最底层参数)的关联程度建立起来的多比值计算式。因为这两个参数在网络图上相隔 5 个层次(图 1-2)，所以公式中含有 5 个比值。在人口数量 C 一定的情况下，这 5 个比值是影响钢铁行业能耗 E 的重要因素。

同理，联立式(1-2)及式(1-7)~式(1-10)，得

$$M = C \times \frac{G'}{C} \times \frac{G}{G'} \times \frac{S}{G} \times \frac{P}{S} \times \frac{M}{P} \tag{1-13}$$

式(1-13)是在钢铁行业物耗(M)与人口数量(C)之间建立起来的多比值计算式，其中也含 5 个比值。

联立式(1-3)、式(1-4)及式(1-7)～式(1-10)，得

$$W = C \times \frac{G'}{C} \times \frac{G}{G'} \times \frac{S}{G} \times \frac{P}{S} \times \frac{W'}{P} \times \frac{W}{W'} \tag{1-14}$$

式(1-14)是在钢铁行业排放量(W)与人口数量(C)之间建立起来的多比值计算式，其中含有 6 个比值。

由图 1-2 可见，式(1-12)、式(1-13)、式(1-14)将最顶层的参数与最底层的参数相关联，都是自上而下、"一竿子插到底"的计算式。这些计算式可用来对钢铁行业宏观调控的各项措施和效果进行综合评价。

2. 钢产量的多比值计算式

联立式(1-7)～式(1-10)，得

$$P = C \times \frac{G'}{C} \times \frac{G}{G'} \times \frac{S}{G} \times \frac{P}{S} \tag{1-15}$$

式(1-15)是在钢产量(P)与人口数量(C)之间(相隔 4 个层次)建立起来的多比值计算式，式中含有 4 个比值，每个比值对钢产量都有调控作用。式(1-15)可用来就 4 个比值对钢产量宏观调控的具体效果进行综合评价。

3. 人均钢产量的多比值计算式

在式(1-15)等号两侧同除以人口数量(C)，得

$$\frac{P}{C} = \frac{G'}{C} \times \frac{G}{G'} \times \frac{S}{G} \times \frac{P}{S} \tag{1-16}$$

式(1-16)是某年某国人均钢产量的多比值计算式，其中含 4 个比值。该式表明，某年某国人均钢产量取决于两个因素：一是人均 GDP，即 $\frac{G}{C} = \frac{G'}{C} \times \frac{G}{G'}$；二是单位 GDP 钢产量，即 $\frac{P}{G} = \frac{S}{G} \times \frac{P}{S}$。

1.2.3　简明计算式

本节将对式(1-12)～式(1-16)中 5 个多比值计算式进行适当简化，导出更加简明、醒目的计算式。

$\frac{S}{G} \times \frac{P}{S} = \frac{P}{G}$，其中 $\frac{P}{G}$ 的名称为单位 GDP 钢产量，代表符号为大写字母 T。此式可写成如下形式：

$$\frac{S}{G} \times \frac{P}{S} = T \tag{1-17}$$

此外,

$$C \times \frac{G'}{C} \times \frac{G}{G'} = G \tag{1-18}$$

若将式(1-17)和式(1-18)代入式(1-12)~式(1-16),则可分别导出以下各式。

1. 钢铁行业能耗、物耗、排放量的简明计算式

1) 能耗

将式(1-17)和式(1-18)代入式(1-12),得

$$E = G \times T \times \frac{E}{P}$$

又因 $\frac{E}{P}$ 的名称为"单位产品能耗",代表符号为小写字母 e,故将此式改写为

$$E = G \times T \times e \tag{1-19}$$

式中,T 为某年某国的单位 GDP 钢产量,吨/万元;e 为某年某国钢铁行业单位产品能耗,吨标煤/单位产品。

式(1-19)是钢铁行业能耗的简明计算式。

2) 物耗

将式(1-17)和式(1-18)代入式(1-13),得

$$M = G \times T \times \frac{M}{P}$$

又因 $\frac{M}{P}$ 的名称为"单位产品物耗",代表符号为小写字母 m,故将此式改写为

$$M = G \times T \times m \tag{1-20}$$

式中,m 为某年某国钢铁行业单位产品物耗,吨实物/单位产品。式(1-20)是钢铁行业物耗的简明计算式。

3) 排放量

将式(1-17)和式(1-18)代入式(1-14),得

$$W = G \times T \times \frac{W'}{P} \times \frac{W}{W'}$$

又因 $\frac{W'}{P} \times \frac{W}{W'} = \frac{W}{P}$,它的名称为"单位产品排放量",代表符号为小写字母 w,故将此式改写为

$$W = G \times T \times w \tag{1-21}$$

式中,w 为某年某国钢铁行业单位产品排放量,吨废物/单位产品。

式(1-21)是钢铁行业排放量的简明计算式。

2. 钢产量的简明计算式

将式(1-17)和式(1-18)代入式(1-15)，得

$$P = G \times T \qquad (1-22)$$

式(1-22)是钢产量的简明计算式。它表明，钢产量等于 G 和 T 的乘积。

3. 人均钢产量的简明计算式

在式(1-22)等号两边同除以人口数量(C)，得

$$\frac{P}{C} = \frac{G}{C} \times T \qquad (1-23)$$

式(1-23)是人均钢产量的简明计算式。它表明，人均钢产量等于人均 GDP 和 T 的乘积。

归纳起来，式(1-19)～式(1-23)给人最深刻的印象是：G、T 两者无处不在，而且这两个数值的乘积就等于钢产量。

得出的结论是：G 和 T 的乘积，必须成为人们关注的焦点，因为它不仅等于钢产量，而且对钢铁行业能耗、物耗、排放量都有重要影响(详见附录五)。

此外，还要说明，多比值计算式和简明计算式都很重要，它们两者是相通的、相辅相成的，各有各的用处。前者全面、详尽地指明了宏观调控工作应该从哪些方面入手；而后者提纲挈领地说明了宏观调控工作必须关注的焦点。

1.2.4　两点说明

(1) 前面已经说过，多比值计算式中的每一个比值都对 E、M、W 等值有影响。现在要强调的是：这些比值的乘积，才是影响 E、M、W 等值综合的、最终的因子。即使每一个比值的变化都不大，它们的乘积仍会有较大的变化。例如，式(1-12)中有 5 个比值，其中每个比值只升高 1%，它们的乘积就会升高 5.1%。因此，在宏观调控工作中，既要关注每个比值，又要关注它们的乘积。

(2) 前述各个多比值计算式和各个简明计算式都是静态的计算式，而经济运行过程是动态的，式中各个比值和变量每年都在变化。因此，在实际工作中，这是必须考虑的问题。这方面具体的说明可参见第 2 章关于钢铁行业的情况分析。

第2章 回顾钢铁行业的过去

本章将分别对钢铁行业内部和外部两个方面进行回顾。

就行业本身而言，我国钢铁行业从改革开放以来取得了很大成绩：工艺流程完成了"平改转，模铸改连铸"的大变革，产品品种大幅增加，产品质量大幅提高，技术经济指标显著改善，生产规模不断扩大。不争的事实是：我国钢铁行业跨上了一个很大的台阶，为我国经济社会的发展做出了巨大贡献。我国钢铁行业产量、能耗、物耗、排放量都过大，有钢铁行业内部、外部两方面的原因，但主要是外部原因。

2.1 行业内部

2.1.1 P_1/P过大

讨论原生钢产量(P_1)与钢产量(P)之间比值过大的问题。

长期以来，我国钢铁工业的废钢资源量相对于钢产量一直比较短缺，因此大部分钢都是从铁矿石中提炼出来的；也就是说，原生钢产量(P_1)与钢产量(P)的比值(即 P_1/P)一直过大(图 2-1)。2000～2014 年，废钢资源更为短缺，这个比值已升到 0.9 以上。

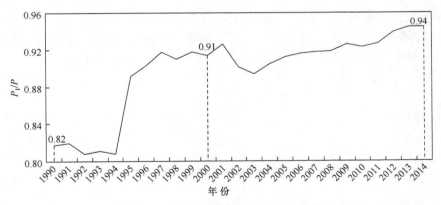

图 2-1 我国 1990～2014 年的 P_1/P 值

原生钢生产过程的弊端是：吨钢的能源、资源消耗量和废物产生量都比再生钢多得多。例如，吨钢能耗约为再生钢的 3 倍。这是我国钢铁行业长期以来高能耗、高物耗、高污染的一个重要原因。

但是，为什么我国废钢资源会如此短缺呢？我们的研究工作已阐明，一个国家废钢资源的充足程度与该国钢产量随时间的变化密切相关。这方面的三种典型情况如下(详见附录六)：

(1) 在钢产量逐年增长的情况下，国内的废钢资源肯定比较短缺。而且钢产量增长越快，废钢资源越短缺。

(2) 在钢产量逐年下降(或突然下降)的情况下，国内的废钢资源肯定比较充足。而且钢产量下降越快，废钢资源越充足。

(3) 在钢产量稳定的情况下，国内废钢资源的充足程度介于以上两种情况之间。

我国属于上述第(1)种情况：钢产量持续高速增长，尤其是近些年来，钢产量超高速增长，废钢资源当然就短缺或严重短缺。

然而，可以预料，当我国钢产量进入稳定期、下降期后，废钢资源必将逐渐充足起来，甚至达到十分充足的程度。届时，P_1/P 必将逐年下降。这种变化对钢铁行业节能、降耗、减排必将发挥积极作用。

2.1.2　　W/W'过大

钢铁行业排放量(W)与其废物产生量(W')之比，是钢铁行业内部的一个比值。主要是反映企业的脱硫、除尘、固体废弃物等末端治理措施和技术的实施效果。比值过大，说明相关治理措施的实施仍不到位。

以我国 1991～2013 年的 SO_2 为例(图 2-2)，W/W'比值总体上虽呈下降状态，但比值仍过大。这说明我国钢铁企业在脱硫、除尘、固体废弃物等末端治理方面有了改善但仍不到位，而且 2011～2013 年又有反弹。总之，脱硫、除尘、固体废弃物等末端治理做得不够好，我国还有不少企业的废水、废气、固体废弃物的处理以及再资源化等设施很不齐全。今后，需进一步配备和完善，降低这个比值。

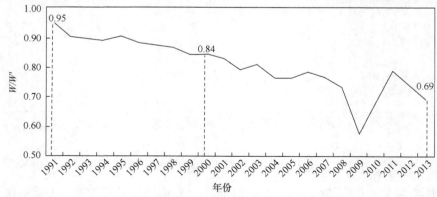

图 2-2　我国 1991～2013 年钢铁行业 SO_2 的 W/W'值

1990 年和 2014 年的相关数据尚无资料

2.2 行 业 外 部

2.2.1 G/G' 过大

本节讨论实际完成的 GDP(G)与国家规划的 GDP(G')之间比值过大的问题。

1990 年以来，国家规划的 GDP 增速是"人均 GDP 十年翻一番"，即 GDP 年均增速约为 7.2%。但是，在以往"以 GDP 论英雄"的大环境下，各级政府在制定规划时，都无一例外地受此影响，追求较高的 GDP 增长率。例如，有些省级规划中 GDP 增速为 9%～11%，有些市级规划中为 11%～13%，个别市甚至在 20% 以上。这样执行的结果是：全国 GDP 年均增速高达 10%，而不是 7.2%，两者的差别，虽然只有不到 3 个百分点，但是在指数增长的模式下，若干年后，G 值就会比 G' 值高得多。1990～2014 年，我国 G/G'(图 2-3)是逐年增加的。

G/G' 过大，是钢产量过高，钢铁行业能耗、物耗、排放量都过大的重要原因之一。

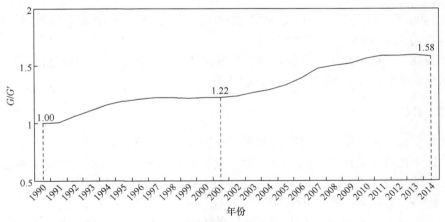

图 2-3 我国 1990～2014 年的 G/G'(以 1990 年作为基准)

2.2.2 Z/G 过大

本节讨论投资量(Z)与实际完成的 GDP(G)之间比值过大的问题。

国民经济运行过程中，每年都需要有新的投资。这是正常现象，但投资率过高，主要靠投资拉动经济，是不正常的，不可持久的。长期以来，各级政府希望通过投资拉动 GDP 增长，使投资率增长率长期高于 GDP 增长率，导致投资率过高。

与此同时，投资率过高也是我国近些年来钢产量过高的重要原因之一。因为在国民经济中，钢作为基础和结构材料几乎是无处不在的；每年的投资项目中，哪怕只有很少一部分用到钢材，累积起来对钢产量的拉动作用也是不小的。

1990～2014 年，我国投资率一路飙升(图 2-4)。

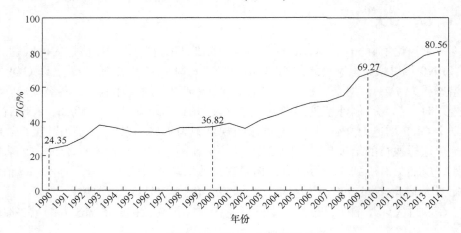

图 2-4　我国 1990～2014 年的投资率(Z/G)

1990 年 Z/G(投资率)为 24.35%，2000 年为 36.82%，2010 年上升到 69.27%，2014 年竟高达 80.56%，实属罕见。

投资率过高的问题，不仅是钢产量过高的重要原因之一，而且是我国社会经济系统宏观调控中必须解决的一个大问题。

2.2.3　P/G 过大

本节讨论钢产量(P)与实际完成的 GDP(G)之间比值过大的问题。

这个比值的名称是"单位 GDP 钢产量"，代表符号是大写英文字母 T(参见 1.2 节)，因此本节讨论的问题也可以说是单位 GDP 钢产量(T)过大的问题。

1990～2014 年，我国 P/G，即 T 的变化情况，如图 2-5 所示。

由图可见，进入 21 世纪以来，我国的 P/G，即 T 从 2000 年的 0.13 吨/万元增长到 2007 年的 0.24 吨/万元，增加了 85%，而且一直到 2014 年这个比值还保持在这样的高位上。这是一种非常不正常的情况，实属罕见。

这是近些年来我国钢产量过高的重要原因。

P/G 过大，是个大问题。早就引起了我们的关注，我们陆续开展一些研究工作，取得了一些进展。但是，由于研究工作的深度不够，未能触及问题的核心内容，深层次的问题说不清，道不明。我们曾为此感到十分困惑。后来(2013 年)，引入了"在役钢量"概念，对 P/G 进行了参数变换，结果将其分解成两个比值，即 S/G 和 P/S。它们与 P/G 之间的关系是

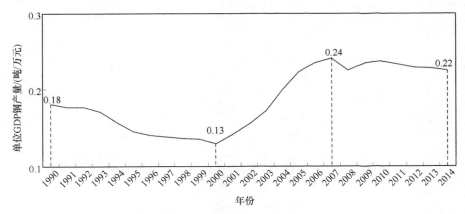

图 2-5　我国 1990～2014 年的 P/G

G 值以 2000 年不变价为基准

$$\frac{P}{G} = \frac{S}{G} \times \frac{P}{S}$$

这样一来，研究工作的思路宽广了，也清晰了。

实际上，P/G 过大的问题，可以分解成两个问题，即 S/G 和 P/S 两个比值过大的问题。只要把后两个问题研究明白了，就等于把前一个问题也研究明白了。两个过大的比值相乘，其乘积当然就更大了。

2.2.4　S/G 过大

本节讨论在役钢量(S)与实际完成的 GDP(G)之间比值过大的问题。

这个比值是宏观经济方面的一个指标。它的大小主要取决于产品结构、技术水平等因素。凡是第二产业比重较大、中低档产品比重较大、技术水平较低的国家，这个比值都较大。此外，凡是宏观管理工作较落后，大量浪费钢材等不正常现象频繁出现的国家，这个比值也都较大。这些不正常现象，主要是指形象工程、政绩工程、楼堂馆所、超标建筑、空置房屋等(详见附录四)。

1990～2013 年，我国就是因为第二产业比重过大、中低档产品比重过大以及技术和管理水平低下，S/G 才过大的(图 2-6)。

由图 2-6 可见，2000 年我国的 S/G 为 1.29 吨/万元，2007 年上升到 1.56 吨/万元，2013 年更是高达 1.83 吨/万元。应该说，那些年，我国正处在重化工业时期，在此期间 S/G 稍高一些是正常的，但这个比值过大，是不正常的。

这个比值过大，是钢铁行业产量、能耗、物耗、排放量过大的重要原因。

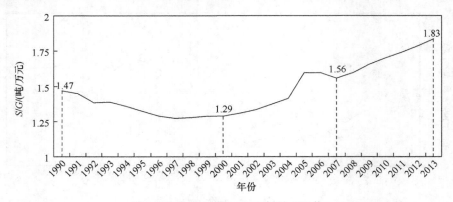

图 2-6　我国 1990～2013 年的 S/G 值

G 值是以 2000 年不变价为基准；2014 年的在役钢量(S)值尚无资料

2.2.5　P/S 过大

同样的道理，钢产量(P)与在役钢量(S)之比，即单位在役钢的钢产量过大，也不利于钢铁行业的节能、降耗和减排。

由图 2-7 可见，2000～2007 年，我国的这个比值从 0.10 猛增至 0.15；2008 年后因世界金融危机，此比值回落到 0.14，近年来逐渐转为稳步下降阶段，但 2013 年仍高达 0.12，属于高位运行阶段。

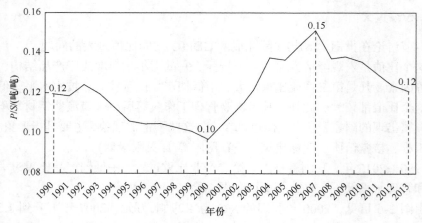

图 2-7　我国 1990～2013 年的 P/S

2014 年的在役钢量(S)值尚无资料

影响 P/S 的因素有二：一是钢产量升降情况；二是钢制品平均使用寿命。下面就这两个因素对 P/S 的影响进行分析(详见附录四)。

1. 钢产量升降对 P/S 的影响

为简明起见, 设 2010 年某国钢产量为 $1.0×10^8$ 吨/年, 钢制品平均寿命 $\Delta\tau = 20$ 年。在不考虑进出口贸易和库存量变化的情况下, 说明以下三种情况下的 P/S。

若在 1990～2010 年的 20 年内, 该国钢产量保持 $1.0×10^8$ 吨/年不变(图 2-8 中曲线①), 则 2010 年该国在役钢量等于 $20×1.0×10^8=20×10^8$ 吨。故 2010 年该国的 $P/S = \dfrac{1.0×10^8}{20×10^8} = 0.05$。

若在 1990～2010 年该国钢产量持续上升(曲线②), 则 2010 年该国的 P/S 必大于 0.05, 且钢产量增长越快, 该比值越大。

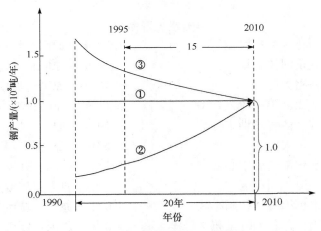

图 2-8　钢产量升降对 P/S 的影响

若在 1990～2010 年该国钢产量逐年下降(曲线③), 则 2010 年该国的 P/S 必小于 0.05, 且钢产量下降越快, 该比值越小。

2. 钢制品平均寿命对 P/S 的影响

假设钢制品平均寿命为 15 年(其他假设同上), 现说明以下三种情况。若在 1995～2010 年该国钢产量保持 $1.0×10^8$ 吨/年不变, 则 2010 年该国在役钢量为 $15×1.0×10^8=15×10^8$ 吨。故 2010 年该国的 $P/S = \dfrac{1.0×10^8}{15×10^8} ≈ 0.0667$, 大于 0.05。

若在 1995～2010 年该国钢产量持续上升, 则 2010 年该国在役钢量必小于 $15×10^8$ 吨/年, 故 $P/S>0.0667$。

若在 1995～2010 年该国钢产量逐年下降, 则 2010 年该国在役钢量必大于 $15×10^8$ 吨/年, 故 $P/S<0.0667$。

总之，2000～2007 年，我国 P/S 比值猛增的原因：一是钢产量增长过快；二是钢制品寿命大幅缩短(见专栏 1)。那么，为什么钢制品寿命会缩短呢？我们认为以下 7 种现象的影响最为显著，即拆迁房屋、豆腐渣工程、烂尾工程、废弃的违规建设项目、淘汰落后产能、天灾损毁的固定资产、事故损毁的固定资产。必须说明，以上各现象，虽然都是 P/S 值上升的重要原因，但情况各异，如何处理，要区别对待。

专栏 1

　　按照国家《民用建筑设计通则》规定，重要建筑和高层建筑主体结构的耐久年限为 100 年，一般性建筑为 50～100 年。可现实却好像不是这样……

中国建筑寿命短

浙江奉化一幢居民楼	20 年	原因：倒塌
沈阳五里河体育场	18 年	原因：重建
青岛铁路大厦	16 年	原因：城市规划
上海"亚洲第一弯"	11 年	原因：城市规划
湖北首义体育培训中心	10 年	原因：城市规划
温州中银大厦	6 年	原因：烂尾
重庆永州市会展中心	5 年	原因：开发
武汉外滩花园小区	4 年	原因：规章建筑
合肥维也纳森林花园小区	0 年	原因：城市规划
上海闵行莲花河畔景苑 7 号楼	0 年	原因：倒塌

如今中国城市建筑平均使用寿命仅 25～30 年。

数据来源:http://business.sohu.com/s2014/picture-talk-139/index.shtml。

2.3　小　　结

　　回顾钢铁行业的过去,基于钢铁行业宏观调控网络解析,得出的判断是: G/G' 、Z/G 、P/G 、S/G 、P/S 、P_1/P 及 W/W' 等 7 个比值均过大,是我国钢铁行业产量、能耗、物耗、排放量都过大的原因。

第3章　钢铁行业的展望

展望未来，三点基本看法是：

(1) 钢铁行业的宏观调控是我国社会经济系统全面深化改革的重要组成部分。

(2) 调控工作的原则是协调配套、循序渐进，绝不能只是"硬压"钢产量(或产能)，而不进行全面深化改革。否则钢产量是会"反弹"的。

(3) 要加强宏观调控，降低 G/G'、Z/G、P/G、S/G、P/S、P_1/P、W/W'等比值，使钢铁行业产量(P)、能耗(E)、物耗(M)、排放量(W)等参数尽早跨越"顶点"，进入下降期。

3.1　钢铁产量的走向

1. 基本概念

在 GDP 恒速增长的过程中，钢产量的走向有三种可能：一是逐年上升，二是保持不变，三是逐年下降。不同的走向取决于 T(单位 GDP 钢产量)的年下降幅度(详见附录一)。

例如，在 GDP 每年增长 7%的过程中，钢产量三种不同走向的条件分别如下。

(1) 若 T 每年降低不足 6.54%，则钢产量逐年上升，而且 T 的年下降率越小，钢产量上升越快。

(2) 若 T 每年降低 6.54%，则钢产量不变。

(3) 若 T 每年降低超过 6.54%，则钢产量逐年下降，而且 T 的年下降率越高，钢产量下降越快。

还要进一步说明，上述 T 每年降低 6.54%的要求，乍看起来似乎高不可及，其实并非如此。因为 $T = \dfrac{S}{G} \times \dfrac{P}{S}$，所以只要等号右侧的这两个比值分别每年降低 3.32%，就能使 T 的年下降率达到 6.54%。更何况，从我国实际情况看，只要做好相关的宏观调控和具体的管理工作，这两个比值下降的空间是很大的。在今后较长时间内，达到上述要求(T 下降率大于 6.54%)，是肯定没有问题的。

2.关于我国钢产量的走向

2009～2014 年，我国的实际情况是：T 基本保持不变(图 2-5)，因此钢产量与

GDP 几乎同步增长。

　　2014 年以后的一段时间内，我国 GDP 大致保持 7%的增速。在此情况下，我们的设想是：通过高效的宏观调控，使 T 的年降低率尽快达到 6.54%，使钢产量进入稳定期。然后，通过进一步努力使 T 的年降低率进一步提高，钢产量进入下降期。图 3-1 是以上想法的示意图。

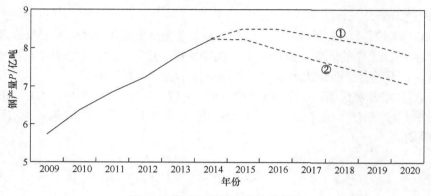

图 3-1　我国钢产量走向的示意图

　　图 3-1 中，实线段是 2009～2014 年实际钢产量的变化曲线，虚线段是 2015～2020 年设想中的钢产量走向，其中，虚线①是 2015 年钢产量继续增加，到 2016 年出现顶点然后缓慢下降，即钢产量出现拐点前有个缓冲阶段；虚线②则是钢产量在 2015 年即为顶点，随后缓慢下降。必须强调，这一段时间内的实际情况怎么样，完全取决于这段时间宏观调控的力度、深度和广度。

3.2　钢铁行业能耗、物耗、排放量的走向

1. 基本概念

先强调一下前几章已阐明的几个基本概念。

　　在钢铁行业吨钢能耗(E/P)、吨钢物耗(M/P)、吨钢排放量(W/P)三者都保持不变的情况下，钢铁行业能耗(E)、物耗(M)、排放量(W)都与钢产量(P)成正比。

　　在钢产量进入稳定期、下降期后，废钢资源必将逐渐充足起来，甚至达到十分充足的程度。届时，再生钢比(P_2/P)将逐年升高。这种变化对钢铁行业的节能、降耗、减排必将发挥积极作用，因为再生钢的 E/P、M/P、W/P 等值都比原生钢低得多(参见 2.1 节)。

　　要加强环保意识，大幅度降低废物排放率(W/W')。经过一段时间的努力，随着先进钢铁生产工艺不断替代老旧的生产工艺，以及先进的除尘、脱硫、脱硝设

备在钢铁行业的推广应用，这个比值应得到一定程度的降低。

2. 关于我国钢铁行业 E、M、W 的走向

基于以上几个基本概念，得出的看法是：如果 2014～2020 年我国钢产量走向如图 3-1 所示，那么，我国钢铁行业 E、M、W 三者都会比钢产量稍微提前一点进入下降期，而且下降速度也会比钢产量快些。这对于节能、降耗工作有重要意义。

此外，若能大幅度降低废物排放率(W/W')，那么钢铁行业排放量(W)会比能耗(E)、物耗(M)下降得更快些。

3.3　宏观调控的内容

1. 降低 G/G' 比值

此处强调的是要降低实际完成的 GDP(G)与国家规划的 GDP(G')之间的比值。

为此，要转变观念，再也不能以"国内生产总值(GDP)增长率来论英雄"了，一定要把生态环境放在经济社会发展评价体系的突出位置。

要充分理解"指数增长"的奥秘(最著名的典故是古代波斯国王与一位智者在棋盘上的对决)，并在此基础上慎重决策。

要在科学发展观指导下，修订干部奖惩条例。

2. 降低 Z/G

此处强调的是要降低投资量(Z)与实际完成的 GDP(G)之间的比值。

为此，要转变观念，不要过分依靠投资拉动经济，而要靠增强社会经济系统的内生动力。

要监控地方政府举债投资的额度，而且要规定谁借谁还。

国内兴建重大项目的决策程序应该规范化，防止出现在调研不足、论证不充分情况下"拍胸脯"型的决策。决策者对决策项目，应终生负责。

总之，要尽快遏制 Z/G 增长的势头，经过几年的努力，使之转为逐年降低的走向。

3. 降低 P/G

此处强调的是要降低钢产量(P)与实际完成的 GDP(G)之间的比值。

这个比值特别重要。已多次说明：这个比值的名称是"单位 GDP 钢产量"，代表符号是 T。在 GDP 一定的条件下，这个比值是影响钢产量的唯一因素。在钢

铁行业的宏观调控工作中，人们会经常提及这个比值。

因为 $\dfrac{P}{G}=\dfrac{S}{G}\times\dfrac{P}{S}$，所以为了降低 P/G，必须降低 S/G 和 P/S 这两个比值。对此，需要做的工作很多，工作量很大。然而，在 GDP 增速一定的条件下，调控钢铁行业产量、能耗、物耗、排放量，只有这一条路好走。

因此，建议要对这个比值随时监督，每月或每季度按统计部门的数据，计算一次 T 值，发布结果，并从实际情况出发，研究下一步的对策。

若从 2014 年起我国 GDP 每年增长 7%，而 T 值每年平均降低 8%～9%，则计算表明：2020 年的钢产量将比 2013 年低 10%～17%，相当于 0.7 亿～1.2 亿吨。

更长远的目标，是把单位 GDP 的钢产量降到很低的程度，使之逐步与发达国家取齐。

4. 降低 S/G

此处强调的是要降低在役钢量(S)与实际完成的 GDP(G)之间的比值。

为此，要调整产业结构，使第三产业的增速超过第一、二产业。

调整产品结构，使产品的档次逐年升级，即由中低档向中高档、高档过渡。

提高企业的生产、管理和经营水平，并充分发挥机械化、自动化、网络化的作用。

此外，要防止出现以下各种不正常现象：形象工程、政绩工程、楼堂饭厅、超标建筑、空置房屋等。

5. 降低 P/S

此处强调的是要降低钢产量(P)与在役钢量(S)之间的比值。

为此，要防止出现以下各种不正常现象：乱拆、乱建、豆腐渣工程、烂尾工程、违规建设项目、事故和天灾损毁固定资产等。

此外，在宏观调控过程中，钢产量的增速放缓，或保持稳定，或逐年下降，都能使 P/S 降低。

6. 降低 P_1/P

此处强调的是要降低原生钢产量(P_1)与钢产量(P)之间的比值。

当我国的钢产量进入稳定期、下降期后，原生钢比(P_1/P)必将逐年较快下降；再生钢比(P_2/P)必将逐年较快上升(详见附录六)。

因此，要未雨绸缪，提前做好有关的各项准备工作：要加大对废钢回收、加工、标准、市场等工作的重视程度，加大对电炉炼钢工艺的重视程度。

此外，还要考虑现有的部分产能向电炉流程转变的可能性和合理方案等，其中包括部分轧钢设备的保留问题。

7. 降低 W/W'

此处强调的是要降低废物排放量(W)与废物产生量(W')之间的比值。

这是钢铁行业内部的一个比值。以前，这个比值过高，主要是指脱硫、除尘等方面的工作做得不好。以 SO_2 为例，近年来这个比值一直高达 0.7～0.8，对钢铁企业所在地区的空气质量造成较大影响。

今后，要重视生态文明建设，严格遵守《中华人民共和国环境保护法》，加大环境方面的投资和工作力度，大幅降低 W/W'。希望若干年后这个比值能降到 0.1 左右。

结　　语

(1) 本篇提出了钢铁行业宏观调控的网络图和计算式，基本上形成了一套自成体系的理论和方法。从初步试用的情况看，这套理论和方法较为实用，用起来也很方便，可作为我国钢铁行业宏观调控的重要参考。

(2) 本篇属于咨询性质，所以更希望得到决策层有关领导的关注。

(3) 本篇涉及的学科领域较多，而课题组的知识面有限，所以希望有关各学科的专家、学者不吝赐教、批评指正。

参 考 文 献

鲍丹. 2013-05-09. 钢铁业：如何迈过生死线？[N]. 人民日报，(19 版).

郭小燕. 2015-04-20.钢铁行业的最大问题是过于分散[EB/OL]. http://www.csteelnews.com/special/ 1196/1198/ 201503/t20150307_275722.html.

国家统计局. 1991~2012. 中国统计年鉴 [M].北京：中国统计出版社.

国家统计局. 2014. 中国统计年鉴 [M].北京：中国统计出版社.

何维达，潘峥嵘. 2015. 产能过剩的困境摆脱：解析中国钢铁行业[J]. 广东社会科学，(1)：26-33.

陆钟武. 2000. 关于钢铁工业废钢资源的基础研究[J].金属学报，36(7)：728-734.

陆钟武. 2002. 论钢铁工业的废钢资源[J].钢铁，37(4)：66-70.

陆钟武. 2008. 穿越"环境高山"——工业生态学研究[M].北京：科学出版社.

陆钟武. 2009. 工业生态学基础[M].北京：科学出版社.

陆钟武，岳强. 2010. 钢产量增长机制的解析及 2000—2007 年我国钢产量增长过快原因的探 索 [J]. 中国工程科学，12(6)：4-11, 17.

陆钟武，岳强，高成康. 2013. 论单位生产总值钢产量及钢产量、钢铁行业的能耗、物耗和排 放 [J]. 中国工程科学，15(4)：23-29.

搜狐财经. 2015-06-14.拆了建，建了拆，中国建筑怎么了？[EB/OL]. http://business.sohu.com/s2014/ picture-talk-139/index.shtml.

徐曙光，曹新元. 2006. 我国废钢的利用现状与分析[J].国土资源情报，8：25-28.

张占斌，冯俏彬. 2014-05-30. 化解产能过剩，推动经济转型[N].光明日报，(15 版).

中共中央文献研究室. 2014. 习近平关于全面深化改革论述摘编[M]. 北京：中央文献出版社.

中国废钢铁应用协会. 2012. 中国废钢铁产业发展蓝皮书[R]. 北京：中国废钢铁应用协会.

附录一　资源消耗量与废物排放量方程[①]

F1.1　资源消耗量方程

F1.1.1　资源消耗量基本方程

1. IPAT 方程

资源消耗量的基本方程如下：

$$资源消耗量=人口×人均GDP×单位GDP的资源消耗量 \qquad (F1-1)$$

$$I = P^{[②]} A×T \qquad (F1-2)$$

式中，I 为资源消耗量，吨/年；P 为人口数量，人；A 为人均 GDP，万元/人；T 为单位 GDP 的资源消耗量，吨/万元。

式(F1-2)中，每个变量都有很明确的定义；它是一个严格的数学公式，可以用来进行定量计算。

2. IGT 方程

因为人口×人均 GDP=实际完成的 GDP(以 GDP 表示)，所以式(F1-2)也可以表达为

$$资源消耗量=GDP×单位GDP的资源消耗量 \qquad (F1-3)$$

或

$$I = G×T \qquad (F1-4)$$

式中，G 为 GDP，万元/年。

式(F1-4)也是计算资源消耗量或基础原材料消耗量、产量等的基本方程。

以钢产量为例，式(F1-4)可以表达为

$$钢产量=GDP×\frac{钢产量}{GDP}$$

---

① 陆钟武. 经济增长与环境负荷之间的定量关系. 环境保护，207，(4A)：13-28.
陆钟武. 工业生态学基础. 北京：科学出版社，2010：38-52.
② 本书正文中为避免与钢产量符号 P 重复，用字母 C 表示"人口数量"参数。

F1.1.2 资源消耗量基本方程的推演

1. IPAT 方程的推演

根据式(F1-2)，基准年的资源消耗量为

$$I_0 = P_0 \times A_0 \times T_0 \tag{F1-2a}$$

式中，I_0 为基准年的资源消耗量，吨/年；P_0 为基准年的人口数量，人；A_0 为基准年的人均 GDP，万元/人；T_0 为基准年单位 GDP 的资源消耗量，吨/万元。

基准年以后第 n 年的资源消耗量为

$$I_n = P_n \times A_n \times T_n \tag{F1-2b}$$

式中，I_n 为基准年以后第 n 年的资源消耗量，吨/年；P_n 为基准年以后第 n 年的人口数量，人；A_n 为基准年以后第 n 年的人均 GDP，万元/人；T_n 为基准年以后第 n 年的单位 GDP 的资源消耗量，吨/万元。

$$P_n = P_0(1 + p)^n$$

式中，p 为基准年到第 n 年人口的年增长率。

$$A_n = A_0(1 + a)^n$$

式中，a 为基准年到第 n 年人均 GDP 的年增长率。

$$T_n = T_0(1 - t)^n$$

式中，t 为基准年到第 n 年单位 GDP 资源消耗量的年下降率。

把以上三式代入式(F1-2b)，于是式(F1-2b)转换为

$$I_n = P_0 \times A_0 \times T_0 \times (1 + p)^n \times (1 + a)^n \times (1 - t)^n \tag{F1-5}$$

或

$$I_n = I_0 \times (1 + p)^n \times (1 + a)^n \times (1 - t)^n \tag{F1-5'}$$

式(F1-5)或式(F1-5')由式(F1-2)得来。如果已知 P_0、A_0、T_0 (或 I_0)和 p、a、t，那么基准年以后第 n 年的资源消耗量 I_n 可由式(F1-5)或式(F1-5')来计算。

2. IGT 方程的推演

根据式(F1-4)，基准年的资源消耗量为

$$I_0 = G_0 \times T_0 \tag{F1-4a}$$

式中，I_0 为基准年的资源消耗量，吨/年；G_0 为基准年的 GDP，万元；T_0 为基准年单位 GDP 的资源消耗量，吨/万元。

基准年以后第 n 年的资源消耗量为

$$I_n = G_n \times T_n \tag{F1-4b}$$

式中，I_n 为基准年以后第 n 年的资源消耗量，吨/年；G_n 为基准年以后第 n 年的 GDP，万元；T_n 为基准年以后第 n 年单位 GDP 的资源消耗量，吨/万元。

$$G_n = G_0(1+g)^n$$

式中，g 为基准年到第 n 年 GDP 的年增长率。

$$T_n = T_0(1-t)^n$$

式中，t 为基准年到第 n 年单位 GDP 资源消耗量的年下降率。

把以上两式代入式(F1-4b)，于是式(F1-4b)转换为

$$I_n = G_0 \times T_0 \times (1+g)^n \times (1-t)^n \tag{F1-6}$$

或

$$I_n = I_0 \times (1+g)^n \times (1-t)^n \tag{F1-6'}$$

式(F1-6)或式(F1-6')由式(F1-4)得来。如果已知 G_0、T_0(或 I_0)和 g、t，那么基准年以后第 n 年的资源消耗量 I_n 可由式(F1-6)或式(F1-6')来计算。

F1.1.3　单位 GDP 资源消耗量年下降率的临界值

由式(F1-6')可导出单位 GDP 资源消耗量年下降率(t)的临界值(t_k)。将式(F1-6')写成如下形式：

$$I_n = I_0 \times [(1+g)(1-t)]^n \tag{F1-7}$$

由式(F1-7)可见，在 GDP 增长过程中，资源消耗量的变化可能出现逐年上升、保持不变，以及逐步下降三种情况。其条件分别如下。

(1) 资源消耗量 I_n 逐年上升：

$$(1+g)(1-t) > 1 \tag{F1-8a}$$

(2) 资源消耗量 I_n 保持不变：

$$(1+g)(1-t) = 1 \tag{F1-8b}$$

(3) 资源消耗量 I_n 逐年下降：

$$(1+g)(1-t) < 1 \tag{F1-8c}$$

式(F1-8b)是在经济增长过程中，资源消耗量保持原值不变的临界条件。从中可求得 t 的临界值 t_k：

$$t_k = 1 - \frac{1}{1+g} = \frac{g}{1+g} \tag{F1-9}$$

式中，t_k 为单位 GDP 资源消耗量年下降率的临界值。

因此，以 t_k 为判据，资源消耗量在经济增长过程中的变化有以下三种可能：若 $t < t_k$，则资源消耗量逐年上升；若 $t = t_k$，则资源消耗量保持原值不变；若 $t > t_k$，则资源消耗量逐年下降。

由此可见，式(F1-9)虽然很简单，但对于建设资源节约型、环境友好型社会，具有十分重要的意义。

由式(F1-9)可见，t_k 值略小于 g 值，即 g 值越大，t_k 值就越大。也就是说，GDP增长越快，越不容易实现在经济增长的同时，资源消耗量保持不变或逐年下降。目前我国的情况正是如此。这就是建设资源节约型、环境友好型社会的难点所在。

F1.2 废物排放量方程

F1.2.1 废物排放量基本方程

1. I_eGTX 方程

废物排放量的基本方程如下：

废物排放量＝人口×人均 GDP×单位 GDP 的废物产生量

$$\times(废物排放量/废物产生量) \tag{F1-10}$$

或

$$I_e = P \times A \times T \times X \tag{F1-11}$$

式中，I_e 为废物排放量，吨/年；P 为人口数量，人；A 为人均 GDP，万元/人；T 为单位 GDP 的废物产生量，吨/万元；X 为废物排放率，即废物排放量/废物产生量，$0 < X \leqslant 1$。

式(F1-11)中，每个变量都有很明确的定义，它是一个严格的数学公式，可以用来进行定量计算。

因为人口×人均 GDP＝GDP，所以式(F1-11)可以表达为

废物排放量＝GDP×单位 GDP 的废物产生量×(废物排放量/废物产生量)

$$\tag{F1-12}$$

或

$$I_e = G \times T \times X \tag{F1-13}$$

以钢铁行业的 SO_2 排放为例，式(F1-13)可以表达为

$$钢铁行业的SO_2排放量 = GDP \times \frac{钢产量}{GDP} \times \frac{钢铁行业SO_2产生量}{钢产量}$$

$$\times \frac{钢铁行业SO_2排放量}{钢铁行业SO_2产生量}$$

2. I_eGT_e 方程

因为单位 GDP 废物产生量×(废物排放量/废物产生量)=单位 GDP 废物排放量，所以式(F1-13)也可以表达为

$$废物排放量=GDP×单位 GDP 的废物排放量 \qquad (F1-14)$$

或

$$I_e=G×T_e \qquad (F1-15)$$

式中，T_e 为单位 GDP 的废物排放量，吨/万元。

式(F1-15)也是计算废物排放量的基本方程。

以钢铁行业的 SO_2 排放为例，式(F1-15)可以表达为

$$钢铁行业的 SO_2 排放量= GDP × \frac{钢产量}{GDP} × \frac{钢铁行业SO_2排放量}{钢产量}$$

F1.2.2　废物排放量基本方程的推演

1. I_eGTX 方程的推演

根据式(F1-13)，基准年的废物排放量为

$$I_{e0} = G_0 × T_0 × X_0 \qquad (F1-13a)$$

式中，I_{e0} 为基准年的废物排放量，吨/年；G_0 为基准年的 GDP，万元；T_0 为基准年单位 GDP 的废物产生量，吨/万元；X_0 为基准年的废物排放率。

基准年以后第 n 年的废物排放量为

$$I_{en} = G_n × T_n × X_n \qquad (F1-13b)$$

式中，I_{en} 为基准年以后第 n 年的废物排放量，吨/年；G_n 为基准年以后第 n 年的 GDP，万元；T_n 为基准年以后第 n 年的单位 GDP 的废物产生量，吨/万元；X_n 为基准年以后第 n 年的废物排放率。

$$G_n = G_0(1+g)^n$$

式中，g 为基准年到第 n 年的 GDP 年增长率。

$$T_n = T_0(1-t)^n$$

式中，t 为基准年到第 n 年单位 GDP 废物产生量的年下降率。

$$X_n = X_0(1-x)^n$$

式中，x 为基准年到第 n 年废物排放率的年下降率。

把以上三式代入式(F1-13b)，于是式(F1-13b)转换为

$$I_{en} = G_0 \times T_0 \times X_0 \times (1+g)^n \times (1-t)^n \times (1-x)^n \tag{F1-16}$$

或

$$I_{en} = I_{e0} \times (1+g)^n \times (1-t)^n \times (1-x)^n \tag{F1-16'}$$

式(F1-16)或式(F1-16′)由式(F1-13)得来。如果已知 G_0、T_0、X_0(或 I_{e0})和 g、t、x，那么基准年以后第 n 年的废物排放量 I_{en} 可由式(F1-16)或式(F1-16′)来计算。

2. I_eGT_e 方程的推演

根据式(F1-15)，基准年的废物排放量为

$$I_{e0} = G_0 \times T_{e0} \tag{F1-15a}$$

式中，I_{e0} 为基准年的废物排放量，吨/年；G_0 为基准年的 GDP，万元；T_{e0} 为基准年单位 GDP 的废物排放量，吨/万元。

基准年以后第 n 年的废物排放量为

$$I_{en} = G_n \times T_{en} \tag{F1-15b}$$

式中，I_{en} 为基准年以后第 n 年的废物排放量，吨/年；G_n 为基准年以后第 n 年的 GDP，元；T_{en} 为基准年以后第 n 年单位 GDP 的废物排放量，吨/元。

$$G_n = G_0(1+g)^n$$

式中，g 为基准年到第 n 年 GDP 的年增长率。

$$T_{en} = T_{e0}(1-t_e)^n$$

式中，t_e 为基准年到第 n 年单位 GDP 废物排放量的年下降率。

把以上两式代入式(F1-15b)，于是(F1-15b)转换为

$$I_{en} = G_0 \times T_{e0} \times (1+g)^n \times (1-t_e)^n \tag{F1-17}$$

或

$$I_{en} = I_{e0} \times (1+g)^n \times (1-t_e)^n \tag{F1-17'}$$

式(F1-17)或式(F1-17′)由式(F1-15)得来。如果已知 G_0、T_{e0}(或 I_{e0})和 g、t_e，那么基准年以后第 n 年的废物排放量 I_{en} 可由式(F1-17)或式(F1-17′)来计算。

F1.2.3　废物排放率及单位 GDP 废物排放量年下降率的临界值

1. 废物排放率年下降率(x)的临界值

由式(F1-16′)可导出废物排放率年下降率(x)的临界值(x_k)。将式(F1-16′)写成如下形式：

$$I_{en} = I_{e0} \times [(1+g) \times (1-t) \times (1-x)]^n \tag{F1-18}$$

由式(F1-18)可见，I_{en} 与 I_{e0} 之间可能出现三种情况，其条件分别如下。

(1) 废物排放量 I_{en} 逐年上升：

$$(1+g)(1-t)(1-x) > 1 \tag{F1-19a}$$

(2) 废物排放量 I_{en} 保持不变：

$$(1+g)(1-t)(1-x) = 1 \tag{F1-19b}$$

(3) 废物排放量 I_{en} 逐年下降：

$$(1+g)(1-t)(1-x) < 1 \tag{F1-19c}$$

式(F1-19b)是废物保持原值不变的临界条件，从中可求得 x 的临界值 x_k：

$$x_k = 1 - \frac{1}{(1+g)(1-t)} \tag{F1-20}$$

式中，x_k 是废物排放率年下降率的临界值。

因此，以 x_k 为判据，在经济增长过程中废物排放量的变化有以下三种可能：若 $x<x_k$，则废物排放量逐年上升；若 $x=x_k$，则废物排放量保持不变；若 $x>x_k$，则废物排放量逐年下降。

2. 单位 GDP 废物排放量年下降率(t_e)的临界值

由式(F1-17′)可导出单位 GDP 废物排放量年下降率(t_e)的临界值(t_{ek})。将式(F1-17′)写成如下形式：

$$I_{en} = I_{e0} \times [(1+g) \times (1-t_e)]^n \tag{F1-21}$$

由式(F1-21)可见，在 GDP 增长过程中，废物排放量的变化可能出现逐年上升、保持不变，以及逐步下降三种情况，其条件分别如下。

(1) 废物排放量 I_{en} 逐年上升：

$$(1+g)(1-t_e) > 1 \tag{F1-22a}$$

(2) 废物排放量 I_{en} 保持不变：

$$(1+g)(1-t_e) = 1 \tag{F1-22b}$$

(3) 废物排放量 I_{en} 逐年下降：

$$(1+g)(1-t_e) < 1 \tag{F1-22c}$$

式(F1-22b)是在经济增长过程中，废物排放量保持原值不变的临界条件。从中可求得 t_e 的临界值 t_{ek}：

$$t_{ek} = 1 - \frac{1}{1+g} = \frac{g}{1+g} \tag{F1-23}$$

式中，t_{ek} 为单位 GDP 废物排放量年下降率的临界值。

因此，以 t_{ek} 为判据，废物排放量在经济增长过程中的变化，有以下三种可能：若 $t_e < t_{ek}$，则废物排放量逐年上升；若 $t_e = t_{ek}$，则废物排放量保持原值不变；若 $t_e > t_{ek}$，则废物排放量逐年下降。

由此可见，式(F1-22)和式(F1-23)虽然很简单，但对环境治理具有十分重要的意义。

附录二 经济增长过程中的钢产量[①]

F2.1 PGT 方程

一个国家或地区任何一年的钢产量、GDP 和单位 GDP 钢产量之间的关系都满足

钢产量=GDP×单位 GDP 钢产量

或写作

$$P = G \times T \tag{F2-1}$$

式(F2-1)中, P 为钢产量, 吨/年; G 为 GDP, 万元/年; T 为单位 GDP 钢产量, 吨/万元。式(F2-1)可称作 PGT 方程。

该方程虽然很简单, 但是它在钢产量和经济之间架起了一座桥梁。它是研究经济增长过程中钢产量上升和下降问题的基本公式。

附专栏 1 我国 GDP 增长情况

我国 1990~2012 年 GDP 及 GDP 的增速情况如附图 2.1 所示。

附图 2.1 我国 1990~2012 年 GDP 及其增速情况

由图可见, 我国 1999~2007 年 GDP 持续高速增长(g 值也增大), 2008 年由于受全球经济危机的影响, GDP 的增速有所放缓, 2010 年有所回升, 2011~2012 年 GDP 增速又有所下降。

---

① 陆钟武. 经济增长过程中钢产量的上升和下降——1998~2007 年中国钢产量变化的分析//全国能源与热工 2008 学术年会, 北京, 2008: 27-34.

附专栏 2 我国钢产量增长情况

我国 1990～2012 年钢产量及钢产量的增速情况如附图 2.2 所示。

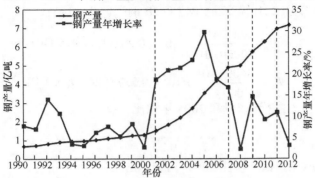

附图 2.2 我国 1990～2012 年钢产量及其增速情况

由图可见，我国 2001～2007 年钢产量持续高速增长，2008 年由于受全球经济危机的影响，钢产量没有增加多少，2009～2011 年钢产量又增加了不少。

附专栏 3 我国单位 GDP 钢产量情况

我国 1990～2012 年单位 GDP 钢产量及钢产量的变化情况如附图 2.3 所示。

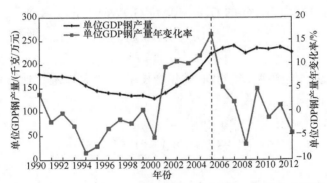

附图 2.3 我国 1990～2012 年单位 GDP 钢产量及其变化情况

由图可见，我国 2000～2012 年单位 GDP 钢产量一直在逐步上升，2005～2012 年一直持续在高位运行，均在 200 千克/万元以上。

例 F2.1 已知某地 2005 年 GDP 为 10000×10^8 元，钢产量为 2000×10^4 吨；2010 年 GDP 为 15000×10^8 元，钢产量为 3400×10^4 吨。问在此期间单位 GDP 钢产量有多大变化？

解　由式(F2-1)知，单位 GDP 钢产量 T 为

$$T = \frac{P}{G}$$

计算 2005 年和 2010 年该地单位 GDP 钢产量 T_1 和 T_2：

$$T_1 = \frac{2000 \times 10^4}{10000 \times 10^8} \times 10^4 = 0.20 \,(\text{吨/万元 GDP})$$

$$T_2 = \frac{3400 \times 10^4}{15000 \times 10^8} \times 10^4 = 0.227 \,(\text{吨/万元 GDP})$$

2010 年单位 GDP 钢产量和 2005 年相比，有

$$\frac{T_2}{T_1} = \frac{0.227}{0.20} = 1.135$$

即 2010 年单位 GDP 钢产量比 2005 年高出 13.5%。

F2.2　PGT 方程的推演

按 PGT 方程，基准年的钢产量 P_0 为

$$P_0 = G_0 \times T_0 \tag{F2-2a}$$

式中，G_0、T_0 分别为基准年的 GDP 和单位 GDP 钢产量。

基准年以后第 n 年的钢产量 P_n 为

$$P_n = G_n \times T_n \tag{F2-2b}$$

式中，G_n、T_n 分别为第 n 年的 GDP 和单位 GDP 钢产量。

$$G_n = G_0(1+g)^n$$

$$T_n = T_0(1-t)^n$$

式中，g 为从基准年到第 n 年 GDP 的年增长率；t 为从基准年到第 n 年单位 GDP 钢产量的年下降率。

将以上两式代入式(F2-2b)，得

$$P_n = G_0 \times T_0 \times (1+g)^n \times (1-t)^n \tag{F2-3a}$$

或

$$P_n = P_0 \times (1+g)^n \times (1-t)^n \tag{F2-3b}$$

式(F2-3a)、式(F2-3b)是 PGT 方程的另一种形式。若已知基准年的 G_0、T_0(或 P_0)、g、t，即可按式(F2-3a)或式(F2-3b)计算第 n 年的钢产量 P_n。

为了便于计算，在附表 2.1、附表 2.2 中分别列出了 $(1+g)^n$ 及 $(1-t)^n$ 的计算值。这两张表的使用方法很简单。例如，若已知 $g=0.07$，$n=5$，则在附表 2.1 中查得 $(1+0.07)^5 = 1.403$。又如，若已知 $t=0.04$，则可在附表 2.2 中查得 $(1-0.04)^5 = 0.815$。

附表2.1　(1+g)^n 的计算值

g

n	0.01	0.02	0.03	0.04	0.05	0.06	0.07	0.08	0.09	0.10	0.11	0.12	0.13	0.14	0.15	0.16	0.17	0.18	0.19	0.20
1	1.010	1.020	1.030	1.040	1.050	1.060	1.070	1.080	1.090	1.100	1.110	1.120	1.130	1.140	1.150	1.160	1.170	1.180	1.190	1.200
2	1.020	1.040	1.061	1.082	1.103	1.124	1.145	1.166	1.188	1.210	1.232	1.254	1.277	1.300	1.323	1.346	1.369	1.392	1.416	1.440
3	1.030	1.061	1.093	1.125	1.158	1.191	1.225	1.260	1.295	1.331	1.368	1.405	1.443	1.482	1.521	1.561	1.602	1.643	1.685	1.728
4	1.041	1.082	1.126	1.170	1.215	1.262	1.311	1.360	1.412	1.464	1.518	1.574	1.630	1.689	1.749	1.811	1.874	1.939	2.005	2.074
5	1.051	1.104	1.159	1.217	1.276	1.338	1.403	1.469	1.539	1.611	1.685	1.762	1.842	1.925	2.011	2.100	2.192	2.288	2.386	2.488
6	1.062	1.126	1.194	1.265	1.340	1.419	1.501	1.587	1.677	1.772	1.870	1.974	2.082	2.195	2.313	2.436	2.565	2.700	2.840	2.986
7	1.072	1.149	1.230	1.316	1.407	1.504	1.606	1.714	1.828	1.949	2.076	2.211	2.353	2.502	2.660	2.826	3.001	3.185	3.380	3.583
8	1.083	1.172	1.267	1.369	1.477	1.594	1.718	1.851	1.993	2.144	2.305	2.476	2.658	2.853	3.059	3.278	3.511	3.759	4.021	4.300
9	1.094	1.195	1.305	1.423	1.551	1.689	1.838	1.999	2.172	2.358	2.558	2.773	3.004	3.252	3.518	3.803	4.108	4.435	4.785	5.160
10	1.105	1.219	1.344	1.480	1.629	1.791	1.967	2.159	2.367	2.594	2.839	3.106	3.395	3.707	4.046	4.411	4.807	5.234	5.695	6.192

附表2.2　(1−t)^n 的计算值

t

n	0.01	0.02	0.03	0.04	0.05	0.06	0.07	0.08	0.09	0.10	0.11	0.12	0.13	0.14	0.15	0.16	0.17	0.18	0.19	0.20
1	0.990	0.980	0.970	0.960	0.950	0.940	0.930	0.920	0.910	0.900	0.890	0.880	0.870	0.860	0.850	0.840	0.830	0.820	0.810	0.800
2	0.980	0.960	0.941	0.922	0.903	0.884	0.865	0.846	0.828	0.810	0.792	0.774	0.757	0.740	0.723	0.706	0.689	0.672	0.656	0.640
3	0.970	0.941	0.913	0.885	0.857	0.831	0.804	0.779	0.754	0.729	0.705	0.681	0.659	0.636	0.614	0.593	0.572	0.551	0.531	0.512
4	0.961	0.922	0.885	0.849	0.815	0.781	0.748	0.716	0.686	0.656	0.627	0.600	0.573	0.547	0.522	0.498	0.475	0.452	0.430	0.410
5	0.951	0.904	0.859	0.815	0.774	0.734	0.696	0.659	0.624	0.590	0.558	0.528	0.498	0.470	0.444	0.418	0.394	0.371	0.349	0.328
6	0.941	0.886	0.833	0.783	0.735	0.690	0.647	0.606	0.568	0.531	0.497	0.464	0.434	0.405	0.377	0.351	0.327	0.304	0.282	0.262
7	0.932	0.868	0.808	0.751	0.698	0.648	0.602	0.558	0.517	0.478	0.442	0.409	0.377	0.348	0.321	0.295	0.271	0.249	0.229	0.210
8	0.923	0.851	0.784	0.721	0.663	0.610	0.560	0.513	0.470	0.430	0.394	0.360	0.328	0.299	0.272	0.248	0.225	0.204	0.185	0.168
9	0.914	0.834	0.760	0.693	0.630	0.573	0.520	0.472	0.428	0.387	0.350	0.316	0.286	0.257	0.232	0.208	0.187	0.168	0.150	0.134
10	0.904	0.817	0.737	0.665	0.599	0.539	0.484	0.434	0.389	0.349	0.312	0.279	0.248	0.221	0.197	0.175	0.155	0.137	0.122	0.107

现举例说明式(F2-3a)、式(F2-3b)的一般用法。

例 F2.2　设某地在 2005～2010 年 GDP 年增长率为 g=0.07，单位 GDP 钢产量年下降率为 t=0.04，问该地 2010 年钢产量比 2005 年增长多少？

解　由式(F2-3b)可知

$$\frac{P_n}{P_0} = (1+g)^n \times (1-t)^n$$

将 n=5、g=0.07、t=0.04 代入上式，可得

$$\frac{P_5}{P_0} = (1+0.07)^5 \times (1-0.04)^5$$

查附表 2.1、附表 2.2，将查得的 $(1+0.07)^5$ 和 $(1-0.04)^5$ 的值代入上式，得

$$\frac{P_5}{P_0} = 1.403 \times 0.815 = 1.143$$

即 2010 年的钢产量比 2005 年增长 14.3%。

例 F2.3　若例 F2.2 中单位 GDP 钢产量年下降率为–0.04(即每年上升 4%)，问该地 2010 年钢产量比 2005 年增长多少，并与例 F2.2 进行对比。

解　因 n=5，g=0.07，t=–0.04，故

$$\frac{P_5}{P_0} = (1+0.07)^5 \times (1+0.04)^5$$

由附表 2.1，查得

$$(1+0.04)^5 = 1.217$$

故

$$\frac{P_5}{P_0} = 1.403 \times 1.217 = 1.707$$

即 2010 年钢产量比 2005 年增长 70.7%。与例 F2.2 相比，钢产量增幅由 14.3%提高到 70.7%。

附录三　经济增长过程中的在役钢量[①]

F3.1　在役钢量的定义式

在役钢量是指某时间段内某地域处于使用过程中的全部钢制品中所含钢量。

其中，时间段可长可短：一年、一季或一月等均可；地域可大可小：一个洲、一个国家、一个省、一个市等均可。所谓钢制品，是指各种人造的含钢制品，包括房屋建筑、基础设施、机器设备、交通工具、各类容器、生活用品等。

各种钢制品的使用寿命都是有限的，因此凡是已报废或不再使用的钢制品中所含的钢量，均不再计入在役钢量。

如附图 3.1 所示，设第 τ 年某国各种钢制品的平均使用寿命为 $\Delta\tau$ 年，则在不考虑进出口贸易和库存量变化的前提下，第 τ 年该国的在役钢量 S_τ 为

$$S_\tau = P_\tau + P_{\tau-1} + P_{\tau-2} + \cdots + P_{\tau-\Delta\tau+1} = \sum_{i=\tau-\Delta\tau+1}^{\tau} P_i \tag{F3-1}$$

式中，S_τ 为第 τ 年该国的在役钢量，吨/年；P_τ、$P_{\tau-1}$、$P_{\tau-2}\cdots$、$P_{\tau-\Delta\tau+1}$ 分别为第 τ 年、第 $(\tau-1)$ 年、第 $(\tau-2)$ 年、$\cdots$、第 $(\tau-\Delta\tau+1)$ 年该国的钢产量，吨/年。

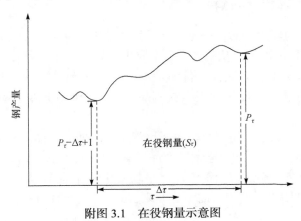

附图 3.1　在役钢量示意图

① 陆钟武，岳强. 钢产量增长机制的解析及 2000—2007 年我国钢产量增长过快原因的探索. 中国工程科学，2010，12(6):4-11，17.

陆钟武，岳强，高成康. 论单位生产总值钢产量及钢产量、钢铁行业的能耗、物耗和排放. 中国工程科学，2013，15(4): 23-29.

　　式(F3-1)是第 τ 年该国在役钢量的计算式；如果时间不是按年算、地域不是一个国家，那么式中各参数的量纲必须与相应的时间、地域相符。

　　由式(F3-1)可知，在其他条件相同的情况下，延长钢制品的平均使用寿命($\Delta\tau$)，是增大在役钢量的唯一途径。在国民经济运行过程中，提高 $\Delta\tau$ 值更是杜绝浪费，建设资源节约型、环境友好型社会的重要抓手。

F3.2　在役钢量定义式的推演

　　根据式(F3-1)，有

$$S_{\tau+1} = P_{\tau+1} + P_{\tau} + P_{\tau-1} + \cdots + P_{\tau-\Delta\tau} \tag{F3-2}$$

式(F3-2)减去式(F3-1)，有

$$S_{\tau+1} = S_{\tau} + P_{\tau+1} - P_{\tau-\Delta\tau+1} \tag{F3-3}$$

F3.3　影响在役钢量的因素

F3.3.1　钢产量的影响

　　根据式(F3-1)可明显看出，钢产量越高，在役钢量越大，反之亦然。

F3.3.2　$\Delta\tau$ 对在役钢量的影响

　　钢铁产品平均使用寿命，是指用于各行各业的钢铁制品平均使用寿命的加权平均值，一般用 $\Delta\tau$ 表示，从附图 3.1 中看出钢铁产品平均使用寿命直接影响在役钢量。一般情况下，在其他条件不变时，当钢铁制品平均寿命延长时，某一年的在役钢量将增多；反之，当钢铁制品平均寿命缩短时，某一年的在役钢量将减少。

　　附图 3.2 是第 τ 年在役钢量与各年钢产量之间的关系图。图中横坐标是钢的生产年份，纵坐标是钢产量；当钢铁产品平均使用寿命为 $\Delta\tau$ 时，$ABCD$ 四边形面积代表第 τ 年的在役钢量；当钢铁产品平均使用寿命为 $\Delta\tau'$ 时，代表第 τ 年在役钢量的是 $A'BCD'$ 四边形面积，而不是原来 $ABCD$ 四边形面积了。

　　通过各种措施可延长或缩短钢产品的使用寿命，使 $\Delta\tau_{\tau+1} = \Delta\tau_{\tau} + x$。但是 x 的变化是受客观条件限制的。

　　若 $x=0$，则 $\Delta\tau_{\tau+1} = \Delta\tau_{\tau}$。

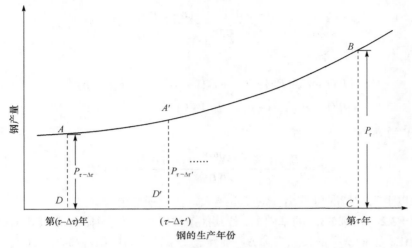

附图 3.2　第 τ 年在役钢量与各年钢产量之间的关系

若 $x>0$，则 $0<x\leqslant1$，x 不可能大于 1，因为再早一年的钢已退役，不能重新使用。每一年可延长的钢产品使用寿命最大为 1 年，即第 $\tau-\Delta\tau+1$ 年的钢产量，在一个生命周期 $\Delta\tau$ 后，到第 $\tau+1$ 年时均不报废，仍继续使用，此时才表明 $\Delta\tau_{\tau+1}=\Delta\tau_{\tau}+1$。

若 $x<0$，则 $0<|x|<\Delta\tau_{\tau}$，x 不可能大于 $\Delta\tau$，因为钢产品寿命不可能为负，最小值就是 0。

F3.4　例　题

例 F3.1　已知某国家 1990 年钢产量为 P_0，GDP 为 G_0，GDP 年增长率 $g=0.05$，钢产量年增长率 $p=0.05$，单位在役钢的 GDP $H=616.7$ 美元/吨，在役钢和钢铁产品使用寿命 $\Delta\tau=10$ 年。计算以下三种情况下 2000 年的在役钢量：①钢产量年增长率 $p=0.05$；②钢产量年增长率 $p=0$；③钢产量年增长率 $p=-0.05$。

解　由题意可知：

$$
\begin{aligned}
S_{2000} &= P_{1991}+P_{1992}+P_{1993}+\cdots+P_{2000} \\
&= P_0(1+p)+P_0(1+p)^2+P_0(1+p)^3+\cdots+P_0(1+p)^{10} \\
&= \frac{P_0\times[(1+p)^{\Delta\tau+1}-(1+p)]}{p}=\frac{P_0\times[(1+p)^{10+1}-(1+p)]}{p}
\end{aligned}
$$

分三种情况进行计算分析：

(1) 当 $p=0.05$ 时，有

$$S_\tau = \frac{P_0 \times [(1+0.05)^{10+1} - (1+0.05)]}{0.05} = 13.21P_0$$

(2) 当 $p=0$ 时，有

$$S_\tau = P_0(1+p) + P_0(1+p)^2 + P_0(1+p)^3 + \cdots + P_0(1+p)^{10}$$

$$= P_0(1+0) + P_0(1+0)^2 + P_0(1+0)^3 + \cdots + P_0(1+0)^{10} = 10P_0$$

(3) 当 $p=-0.05$ 时，有

$$S_\tau = \frac{P_0 \times [(1-0.05)^{10+1} - (1-0.05)]}{-0.05} = 7.62P_0$$

从以上三种情况可看出，钢产量越大，在役钢量越大。

例 F3.2　在例 F3.1 的基础上，若其他条件保持不变，钢铁产品使用寿命($\Delta\tau$)发生变化：①钢铁产品使用寿命 $\Delta\tau$=8 年；②钢铁产品使用寿命 $\Delta\tau$=10 年；③钢铁产品使用寿命 $\Delta\tau$=12 年，分别计算 2000 年在役钢量。

解　由题意可知：

$$S_{2000} = P_{1991} + P_{1992} + P_{1993} + \cdots + P_{2000}$$

$$= P_0(1+p) + P_0(1+p)^2 + P_0(1+p)^3 + \cdots + P_0(1+p)^{10}$$

$$= \frac{P_0 \times [(1+p)^{\Delta\tau+1} - (1+p)]}{p} = \frac{P_0 \times [(1+0.05)^{\Delta\tau+1} - (1+0.05)]}{0.05}$$

分三种情况进行计算分析：

(1) 当 $\Delta\tau$=8 年时，有

$$S_{2000} = \frac{P_0 \times [(1+0.05)^{\Delta\tau+1} - (1+0.05)]}{0.05} = \frac{P_0 \times [(1+0.05)^9 - (1+0.05)]}{0.05} = 10.03P$$

(2) 当 $\Delta\tau$=10 年时，有

$$S_{2000} = \frac{P_0 \times [(1+0.05)^{\Delta\tau+1} - (1+0.05)]}{0.05} = \frac{P_0 \times [(1+0.05)^{11} - (1+0.05)]}{0.05} = 13.21P$$

(3) 当 $\Delta\tau$=12 年时，有

$$S_{2000} = \frac{P_0 \times [(1+0.05)^{\Delta\tau+1} - (1+0.05)]}{0.05} = \frac{P_0 \times [(1+0.05)^{13} - (1+0.05)]}{0.05} = 16.71P$$

从以上三种情况可看出，钢铁产品使用寿命越长，在役钢量越大。

附录四 经济增长过程中的单位 GDP 钢产量[①]

F4.1 单位 GDP 钢产量的定义式

单位 GDP 钢产量的定义式为

$$T = \frac{P}{G} \tag{F4-1}$$

式中，P、G、T 分别是同一时间段、同一地域的钢产量、GDP 和单位 GDP 钢产量。

单位 GDP 钢产量(T)指标是一个十分关键的参数，无论在钢产量问题上，还是在钢铁行业能耗、物耗、排放问题上，以及它们三者在全国所占的比重问题上，都是如此。这个参数理应成为人们关注的焦点。然而，实际情况并非如此。长期以来，人们对这个参数一直关注不够，研究工作更是几乎空白。有些文献对钢产量问题有所论述，但关于单位 GDP 钢产量指标鲜有文献论述。这种情况对于调控钢产量，开展钢铁行业的节能、降耗、减排工作，对于全面实施可持续发展战略，都是极其不利的。

F4.2 单位 GDP 钢产量定义式的变换

F4.2.1 一次变换

由式(F4-1)可知，第 τ 年某国单位 GDP 钢产量的定义式为

$$T_\tau = \frac{P_\tau}{G_\tau} \tag{F4-2}$$

式中，T_τ 为第 τ 年该国的单位 GDP 钢产量，吨/万元；P_τ 为第 τ 年该国的钢产量，吨/年；G_τ 为第 τ 年该国的 GDP，万元/年。

本节将对式(F4-2)进行一次变换。

在变换过程中，先将式(F4-2)等号右侧的分子和分母都除以第 τ 年该国的在役

---

① 陆钟武，岳强，高成康. 论单位生产总值钢产量及钢产量、钢铁行业的能耗、物耗和排放. 中国工程科学，2013，15(4): 23-29.

钢量，即除以 $(P_\tau + P_{\tau-1} + P_{\tau-2} + \cdots + P_{\tau-\Delta\tau+1})$，得到

$$T_\tau = \frac{P_\tau}{P_\tau + P_{\tau-1} + P_{\tau-2} + \cdots + P_{\tau-\Delta\tau+1}} \bigg/ \frac{G_\tau}{P_\tau + P_{\tau-1} + P_{\tau-2} + \cdots + P_{\tau-\Delta\tau+1}} \tag{F4-3}$$

再令

$$\phi_\tau = \frac{P_\tau}{P_\tau + P_{\tau-1} + P_{\tau-2} + \cdots + P_{\tau-\Delta\tau+1}} \tag{F4-4}$$

$$H_\tau = \frac{G_\tau}{P_\tau + P_{\tau-1} + P_{\tau-2} + \cdots + P_{\tau-\Delta\tau+1}} \tag{F4-5}$$

则式(F4-3)变为

$$T_\tau = \frac{\phi_\tau}{H_\tau} \tag{F4-6}$$

式中，ϕ_τ 是第 τ 年该国钢产量与在役钢量之比，它是影响 T_τ 的钢产量因子；H_τ 是第 τ 年该国 GDP 与在役钢量之比，它是影响 T_τ 值的 GDP 因子。

式(F4-6)是第 τ 年该国单位 GDP 钢产量(T)定义式的一次变换式。

由式(F4-6)可见，在不考虑进出口贸易和库存量变化的条件下，影响 T_τ 的因素只有两个：一是 ϕ_τ，二是 H_τ。在 H_τ 为常数的条件下，T_τ 与 ϕ_τ 成正比，即 ϕ_τ 越大，T_τ 越大，反之亦然。在 ϕ_τ 为常数的条件下，T_τ 与 H_τ 成反比，即 H_τ 越大，T_τ 越小，反之亦然。

必须指出，H_τ 是宏观经济方面的一个指标。H_τ 的大小，取决于产业结构、产品结构、技术水平、管理水平等。提高 H_τ 的途径是调整产业、产品结构，提高技术和管理水平。

此外还必须指出，式(F4-3)和式(F4-6)的适用范围较宽：在第 τ 年与第$(\tau-\Delta\tau+1)$年之间，钢产量无论怎样变化，这两个公式都是适用的，因为在上述变换过程中，从未在钢产量的变化情况方面提出过任何约束条件。因此，式(F4-3)和式(F4-6)是进一步研究 T_τ 的基础。

F4.2.2 二次变换

单位 GDP 钢产量定义式的二次变换，是在一次变换的基础上进行的。本节将在以下三种特定条件(参见附图 4.1)下阐明该定义式的二次变换。

第一种特定条件：在第 τ 年与第$(\tau-\Delta\tau+1)$年之间，钢产量保持不变。

第二种特定条件：在第 τ 年与第$(\tau-\Delta\tau+1)$年之间，钢产量呈线性增长，且年增量不变。

第三种特定条件：在第 τ 年与第$(\tau-\Delta\tau+1)$年之间，钢产量呈指数增长，且年增长率不变。

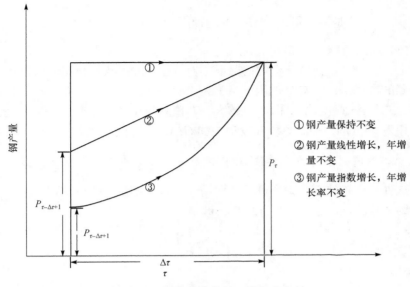

附图 4.1 钢产量变化的三种特定条件

1. 第一种特定条件下，单位 GDP 钢产量定义式的二次变换

在这种特定条件下，钢产量保持不变，即 $P_\tau = P_{\tau-1} = \cdots = P_{\tau-\Delta\tau+1}$。
将上式代入式(F3-1)，得

$$S_\tau = \Delta\tau \times P_\tau \tag{F4-7}$$

再将式(F4-7)代入式(F4-3)，则得

$$T_\tau = \frac{P_\tau}{H_\tau \times \Delta\tau \times P_\tau}$$

化简后得

$$T_\tau = \frac{1}{H_\tau \times \Delta\tau} \tag{F4-8}$$

式中，T_τ 为第 τ 年某国的单位 GDP 钢产量，吨/万元；H_τ 为第 τ 年某国的单位在役钢量 GDP，万元/吨；$\Delta\tau$ 为第 τ 年某国钢制品平均使用寿命，年。

式(F4-8)是在第 τ 年与第 $(\tau-\Delta\tau+1)$ 年之间钢产量保持不变情况下单位 GDP 钢产量定义式的二次变换式。

式(F4-8)可改写成如下形式：

$$T_\tau = \frac{\phi_\tau}{H_\tau} \tag{F4-9}$$

式中，$\phi_\tau = \dfrac{1}{\Delta\tau}$，是钢产量不变情况下的钢产量因子。

式(F4-9)是式(F4-8)的最终表达式。

总之，在钢产量保持不变的情况下，对单位 GDP 钢产量定义式进行二次变换后得到的看法是，影响 T_τ 的因素只有两个：一是 $\Delta\tau$，二是 H_τ。在 H_τ 为常数的条件下，T_τ 与 $\Delta\tau$ 成反比，即 $\Delta\tau$ 值越大，T_τ 值就越小，反之亦然。延长钢制品的平均使用寿命($\Delta\tau$)，提高单位在役钢 GDP(H_τ)，是降低 T_τ 的两个重要抓手。

2. 第二种特定条件下，单位 GDP 钢产量定义式的二次变换

在这种特定条件下，钢产量呈线性增长，且年增量(设为 k)不变。

设第一年的钢产量($P_{\tau-\Delta\tau+1}$)为 P_1，即

$$P_{\tau-\Delta\tau+1} = P_1$$

则

$$P_{\tau-\Delta\tau+2} = P_1 + k$$

$$\cdots\cdots$$

$$P_{\tau-1} = P_1 + (\Delta\tau - 2)k$$

$$P_\tau = P_1 + (\Delta\tau - 1)k$$

将 $P_\tau, P_{\tau-1}, P_{\tau-2}, \cdots, P_{\tau-\Delta\tau+1}$ 代入式(F3-1)，得

$$S_\tau = \Delta\tau \times \left[P_1 + \frac{1}{2}(\Delta\tau - 1) \times k \right] \tag{F4-10}$$

再将式(F4-10)代入式(F4-3)，则得

$$T_\tau = \frac{P_1 + (\Delta\tau - 1)k}{H_\tau \times \Delta\tau \times \left[P_1 + \frac{1}{2}(\Delta\tau - 1) \times k \right]} \tag{F4-11}$$

式(F4-11)是在第 τ 年与第($\tau-\Delta\tau+1$)年之间钢产量呈线性增长，且年增量不变情况下单位 GDP 钢产量定义式的二次变换式。

式(F4-11)可改写成如下形式：

$$T_\tau = \frac{\phi_\tau}{H_\tau} \tag{F4-12}$$

式中，$\phi_\tau = \dfrac{P_1 + (\Delta\tau - 1)k}{\Delta\tau \times \left[P_1 + \frac{1}{2}(\Delta\tau - 1) \times k \right]}$，是钢产量呈线性增长，且年增量不变情况下

的钢产量因子。

式(F4-12)是式(F4-11)的最终表达式。

总之，在钢产量呈线性增长，且年增量不变的情况下，对单位 GDP 钢产量定义式进行二次变换后，得到的看法是，影响 T_τ 的因素有三个：一是 $\Delta\tau$，二是 H_τ，三是 k。因此，减少拆迁房屋、豆腐渣工程、烂尾工程、废弃的违规建设项目、淘汰落后产能、天灾损毁的固定资产、事故损毁的固定资产等 7 种现象，延长钢制品的平均使用寿命($\Delta\tau$)，提高单位在役钢 GDP(H_τ)，降低钢产量的年增量(k 值)，是降低 T_τ 的重要抓手。

3. 第三种特定条件下，单位 GDP 钢产量定义式的二次变换

在这种特定条件下，钢产量呈指数增长，且年增长率(设为 p)不变。

设第一年的钢产量($P_{\tau-\Delta\tau+1}$)为 P_1，即

$$P_{\tau-\Delta\tau+1} = P_1$$

则

$$P_{\tau-\Delta\tau+2} = P_1(1+p)$$

$$\cdots\cdots$$

$$P_{\tau-1} = P_1(1+p)^{\Delta\tau-2}$$

$$P_\tau = P_1(1+p)^{\Delta\tau-1}$$

将 $P_\tau, P_{\tau-1}, P_{\tau-2}, \cdots, P_{\tau-\Delta\tau+1}$ 代入式(F3-1)，得

$$S_\tau = \frac{P_1 \times [(1+p)^{\Delta\tau} - 1]}{p} \tag{F4-13}$$

再将式(F4-13)代入式(F4-3)，则得

$$T_\tau = \frac{P_1(1+p)^{\Delta\tau-1}}{H_\tau \times \dfrac{P_1 \times [(1+p)^{\Delta\tau} - 1]}{p}}$$

化简后得

$$T_\tau = \frac{p(1+p)^{\Delta\tau-1}}{H_\tau \times [(1+p)^{\Delta\tau} - 1]} \tag{F4-14}$$

式(F4-14)是在第 τ 年与第($\tau-\Delta\tau+1$)年之间钢产量呈指数增长，且年增长率不变情况下单位 GDP 钢产量定义式的二次变换式。

式(F4-14)可改写成如下形式：

$$T_\tau = \frac{\phi_\tau}{H_\tau} \qquad\qquad \text{(F4-15)}$$

式中，$\phi_\tau = \dfrac{p(1+p)^{\Delta\tau-1}}{(1+p)^{\Delta\tau}-1}$，是钢产量呈指数增长，且年增长率不变情况下的钢产量因子。

式(F4-15)是式(F4-14)的最终表达式。

总之，在钢产量呈指数增长且年增长率不变的情况下，对单位 GDP 钢产量定义式进行二次变换后，得到的看法是：影响 T_τ 的因素有三个，一是 $\Delta\tau$，二是 H_τ，三是 p。延长钢制品的平均使用寿命($\Delta\tau$)，提高单位在役钢 GDP(H_τ)，降低钢产量的年增长率(p)，是降低 T_τ 的重要抓手。

附图 4.2 所示为钢产量呈指数增长，且年增长率不变情况下的钢产量因子(ϕ)

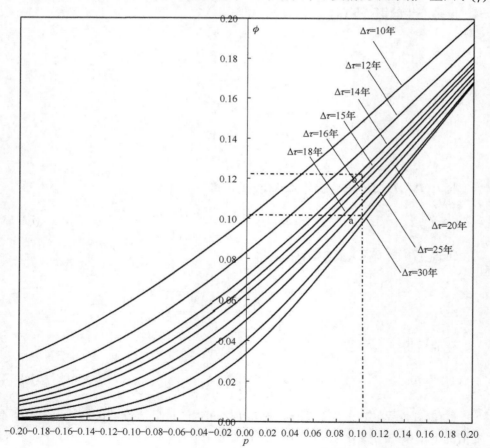

附图 4.2　$\phi = f(p, \Delta\tau)$ 图

与钢产量的年增长率(p)和钢铁制品的平均使用寿命($\Delta\tau$)间的关系曲线。图中横坐标为钢产量的年增长率 p，纵坐标为钢产量因子 ϕ，每条曲线对应不同的钢制品平均使用寿命 $\Delta\tau$。由图可见，随着钢产量年增长率的提高，对应的钢产量因子是逐步上升的。由附图 4.2 还可见，在同样的钢产量年增长率情况下，$\Delta\tau$ 越小，对应的钢产量因子越大，反之亦然。

F4.3 综合例题及启示

例 F4.1 若已知某年 a、b 两国的有关数据如下：

国家	钢制品平均寿命($\Delta\tau$)/年	在 $\Delta\tau$ 年内钢产量年增长率(p)	单位在役钢 GDP(H)/(元/吨)
a	25	保持不变	H
b	15	0.10	$0.6H$

设该年 a、b 两国的 GDP 相等，问该年这两国钢产量之比为多少？

解 计算该年 a、b 两国的 ϕ、T 及 P 值。

a 国：

按式(F4-4)、式(F4-7)及已知数据，求得

$$\phi_a = \frac{P_a}{25 \times P_a} = 0.04$$

按式(F4-9)，有

$$T_a = 0.04 \times \frac{1}{H}$$

进而求得

$$P_a = G \times T_a = G \times 0.04 \times \frac{1}{H}$$

b 国：

已知 $\Delta\tau = 15$，$p = 0.10$，按式(F4-4)、式(F4-13)及已知数据(或由曲线图查得)求得 $\phi_b = 0.12$。

按式(F4-9)，有 $T_b = 0.12 \times \dfrac{1}{0.6H}$。

进而求得 $P_b = G \times T_b = G \times 0.2 \times \dfrac{1}{H}$。

计算该年 b、a 两国钢产量之比。

$$\frac{P_b}{P_a} = \frac{G \times 0.20 \times \dfrac{1}{H}}{G \times 0.04 \times \dfrac{1}{H}} = 5.0$$

该年 b 国的钢产量是 a 国的 5 倍，如果该年 a 国的钢产量是 1 亿吨，那么 b 国是 5 亿吨。

由此可见，钢制品的平均使用寿命、钢产量的年增长率及单位在役钢的 GDP 等因素对钢产量具有重要影响。

附录五　钢铁行业的能耗、物耗和排放量[①]

F5.1　钢铁行业的能耗、物耗和排放量方程

如前所述，一个国家或地区任何一年的钢产量、GDP、单位 GDP 钢产量之间具有如下关系：

$$P = G \times T$$

在上式等号两侧同乘以钢铁行业的吨钢平均能耗，或吨钢平均物耗，或吨钢平均排放量，可得到

$$E = P \times e = G \times T \times e \qquad \text{(F5-1a)}$$

$$M = P \times m = G \times T \times m \qquad \text{(F5-1b)}$$

$$W = P \times w = G \times T \times w \qquad \text{(F5-1c)}$$

式中，e、m、w 分别为钢铁行业的吨钢平均能耗、吨钢平均物耗和吨钢平均排放量；E、M、W 分别为钢铁行业的能耗、物耗和排放量。

由式(F5-1a)、式(F5-1b)、式(F5-1c)可见，在 G、e、m、w 等值均为常数的条件下，钢铁行业的能耗、物耗、排放量都与单位 GDP 钢产量成正比，即 T 越大，E、M、W 均越大，反之亦然。

以下对 E、M、W 分别加以讨论。

F5.1.1　钢铁行业能耗方程

基准年钢铁行业的能耗为

$$E_0 = P_0 \times e_0 = G_0 \times T_0 \times e_0 \qquad \text{(F5-2a)}$$

基准年以后第 n 年钢铁行业的能耗为

$$E_n = P_n \times e_n = G_n \times T_n \times e_n$$

$$= G_0(1+g)^n \times \frac{\phi_n}{H_n} \times e_n \qquad \text{(F5-2b)}$$

① 陆钟武，岳强，高成康. 论单位生产总值钢产量及钢产量、钢铁行业的能耗、物耗和排放. 中国工程科学，2013，15(4)：23-29.

可见，GDP 的年增长率 g，影响 ϕ、H 的各变量(见本篇附录四内容)，吨钢平均能耗 e 等都对钢铁行业的能耗有重要影响。保持适度的 GDP 年增长率 g、降低 ϕ、提高 H、降低吨钢能耗 e 等措施对于降低钢铁行业的能耗具有重要作用。

F5.1.2　钢铁行业物耗方程

基准年钢铁行业的物耗为

$$M_0 = P_0 \times m_0 = G_0 \times T_0 \times m_0 \tag{F5-3a}$$

基准年以后第 n 年钢铁行业的物耗为

$$M_n = P_n \times m_n = G_n \times T_n \times m_n$$
$$= G_0(1+g)^n \times \frac{\phi_n}{H_n} \times m_n \tag{F5-3b}$$

可见，GDP 的年增长率 g，影响 ϕ、H 的各变量(见本篇附录四内容)，吨钢平均物耗 m 等都对钢铁行业的物耗有重要影响。保持适度的 GDP 的年增长率 g、降低 ϕ、提高 H、降低吨钢物耗 m 等措施对于降低钢铁行业的物耗具有重要作用。

F5.1.3　钢铁行业排放量方程

基准年钢铁行业的排放量为

$$W_0 = P_0 \times w_0 = G_0 \times T_0 \times w_0 \tag{F5-4a}$$

基准年以后第 n 年钢铁行业的排放量为

$$W_n = P_n \times w_n = G_n \times T_n \times w_n$$
$$= G_0 \times (1+g)^n \times \frac{\phi_n}{H_n} \times w_n \tag{F5-4b}$$

可见，GDP 的年增长率 g，影响 ϕ、H 的各变量(见本篇附录四内容)，吨钢排放量 w 等都对钢铁行业的排放有重要影响。保持适度的 GDP 的年增长率 g、降低 ϕ、提高 H、降低吨钢排放量 w 等措施对于降低钢铁行业的排放具有重要作用。

F5.2　综合例题

例 F5.1　其他条件同于 F4.3 节的例题，但设该年 b 国钢铁行业的吨钢平均能耗、物耗、排放量比 a 国高出 30%[①]，问该年这两个国家钢铁行业的能耗、物耗、排放之比为多少？

解 按已知数据，以能耗为例，分别计算该年这两个国家钢铁行业能耗：

因 $E_a = P_a \times e_a$，$E_b = P_b \times e_b$，故

$$\frac{E_b}{E_a} = \frac{P_b}{P_a} \times \frac{e_b}{e_a}$$

已知 $\frac{P_b}{P_a} = 5$ 及 $\frac{e_b}{e_a} = 1.3$，故

$$\frac{E_b}{E_a} = 5 \times 1.3 = 6.5$$

即该年 b 国钢铁行业的能耗是 a 国的 6.5 倍。

同理，该年 b 国钢铁行业的物耗、排放量也是 a 国的 6.5 倍。

F5.3 关于废物排放量的讨论

由 F1.2 节的分析，若 w' 为吨钢的废物产生量，X 为废物排放率，则吨钢排放量 w 可以表达为

$$w = w' \times X \tag{F5-5}$$

将式(F5-5)代入式(F5-1c)，得到

$$W = P \times w' \times X = G \times T \times w' \times X \tag{F5-6}$$

由式(F5-6)可见，即使废物产生量很大，通过大幅度完善的末端治理，也是可以解决排放问题的。

但需指出：钢产量(P)越大，末端治理的花费越高，降低 P 仍很重要。另外，有些情况下末端治理是无能为力的，如 CO_2、O_3、尾矿等。

---

① 在 $\Delta\tau$ 年间，由于 a 国钢产量保持不变，废钢资源必较充足；b 国则钢产量高速增长，废钢资源必较短缺，故设 b 国钢铁行业的吨钢平均能耗比 a 国高 30%。详见陆钟武著《工业生态学基础》第 14 章，2009。

附录六　钢铁行业的废钢问题①

铁矿石和废钢，是钢铁工业的两种主要铁来源。铁矿石是自然资源，而废钢属于回收的再生资源。

钢铁工业应尽可能少用铁矿石，多用废钢，不仅有利于保存自然资源，还有利于节约能源，减少污染。在钢铁联合企业，提高转炉炉料的废钢比，是少用铁矿石的重要措施。电炉钢厂以废钢为主要原料，在这方面更具优势。而且电炉钢厂占地面积小，投资低，很有吸引力。

但是，提高转炉炉料的废钢比和发展电炉钢厂的前提条件之一，是要有充足的废钢资源。否则，在废钢短缺、价格昂贵的情况下，要钢铁工业多用废钢，只能是一个良好的愿望。

长期以来，我国正是因为废钢资源相对不足，价格较高，所以一些钢厂在转炉多吃废钢的问题上只好裹足不前。与此同时，我国的电炉废钢比一直徘徊在较低水平上，致使全国的铁钢比居高不下。

而西方某些主要产钢国，废钢资源充足，电炉废钢比已高达 40%～50%，其钢铁业的铁钢比自然很低。

为什么有些国家废钢资源比较短缺，而有些国家废钢资源比较充分或非常充足呢？对于这个问题，虽然也有一些议论，但比较笼统，似是而非。因此，必须追根究底，找到更为明确的答案。否则，不可能客观地面对与此有关的各种问题。

废钢资源问题，是涉及钢铁工业总体结构的大问题，必须给予充分重视。应该说，以往对废钢问题的重视程度和研究深度都不够。其结果，一方面容易做出错误的判断和决策，另一方面会直接影响废钢的回收、加工和利用工作。

F6.1　几种不同来源的废钢

对一个国家来说，其钢铁工业的废钢资源，按其来源划分，有以下几种。

(1) 自产废钢：来自钢铁企业内部炼钢、轧钢等工序的切头、切尾、残钢、轧废等。这些废钢称为自产废钢，又称"内部废钢"。自产废钢通常只是在本企业内部循环利用的，不进入市场流通。

---

① 陆钟武. 论钢铁工业的废钢资源. 钢铁，2002，37(4)：66-70.

(2) 加工废钢：来自国内制造加工工业的废钢(即加工铁屑)，称为加工废钢。加工废钢通常在较短的时间内就能返回钢铁工业，因此又称"短期废钢"。

(3) 折旧废钢：国内的各种钢铁制品(如机器设备、车辆、容器、家用电器等)，在使用寿命终了，并报废后形成的废钢，称为折旧废钢。

从钢铁工业生产出来的钢，最后变成折旧废钢，一般要经过一段较长的时间(十年以上)。因此，折旧废钢又称"长期废钢"。

从钢演变成折旧废钢，要经过一段较长的时间，也就是说这中间有一个"时间差"。这虽然是极普通的常识，但是，这是一个很重要的概念。在研究钢铁工业的废钢资源时，只有引入"时间差"的概念，才能把问题弄清楚。否则，研究工作将毫无收获。

在数量上，折旧废钢量远大于加工废钢量。前者往往是后者的好几倍。因此，在研究废钢资源问题时，要特别注重折旧废钢。

(4) 进口废钢：这是从国外进口的废钢。

以上四种不同来源的废钢，主要供钢铁工业的炼钢厂使用。如有剩余，可向国外出口。

F6.2　废钢指数

如前所述，在以上四种不同来源的废钢中，自产废钢通常只在钢铁企业内部循环利用，不进入流通市场，因此不能把它看作国内市场上废钢资源的一部分。进口废钢来自国外，更不能看作进口国的废钢资源。因此，在国内的废钢资源中，只能计入加工废钢和折旧废钢两种废钢。这两种废钢量之和，就是一个国家的废钢资源量。

但是，废钢资源量的绝对值，仍不足以说明钢铁工业废钢资源的充足程度。这是因为一个国家废钢资源是否充足，是相对于这个国家的钢产量而言的。在钢产量很小的情况下，只要有少量的废钢就显得很充足，反之同理。

为此，将下列比值定义为一个国家的废钢指数，代表符号为 S：

$$S = \frac{\text{统计期内国内回收的折旧废钢量与加工废钢量之和}}{\text{统计期内该国的钢产量}}$$

废钢指数 S 是衡量钢铁工业废钢资源充足程度的判据。S 越大，钢铁工业的废钢资源越充足，S 越小，越不充足。

F6.3　钢产量变化与废钢指数之间的关系

一个国家(地区)，在一个历史时期内，钢产量随时间的变化，在总体上可划分为以下三种情况：①保持不变；②持续增长；③逐渐下降或突然下降。本节将分别研究这三种情况下的废钢指数。

为此，将在完全相同的假设条件下，针对产量变化的三种情况，各举一例。读者将从计算结果中清楚地看出产量变化对废钢指数的影响。

三个例题共同的假设条件如下：

(1) 在钢材生产出来的当年就被制成钢铁制品。在其制造加工过程中，每吨钢产生 0.05 吨加工废钢，随即返回钢铁工业，作为炼钢原料，重新处理。

(2) 钢铁制品使用 15 年报废，报废后每吨钢形成 0.4 吨折旧废钢，随即返回钢铁工业，作为炼钢原料，重新处理。

(3) 不考虑钢铁制品及钢材的进、出口。

1. 钢产量保持不变

例 F6.1　已知某国钢产量一直是 $1×10^8$ 吨/年，到 2000 年底，已稳定 15 年以上，如附图 6.1 所示。求 2000 年该国的废钢指数 S。

解　2000 年钢铁工业可得废钢量如下。

加工废钢量为

$$1×10^8×0.05 = 0.05×10^8 \text{（吨/年）}$$

折旧废钢量为

$$1×10^8×0.4 = 0.4×10^8 \text{（吨/年）}$$

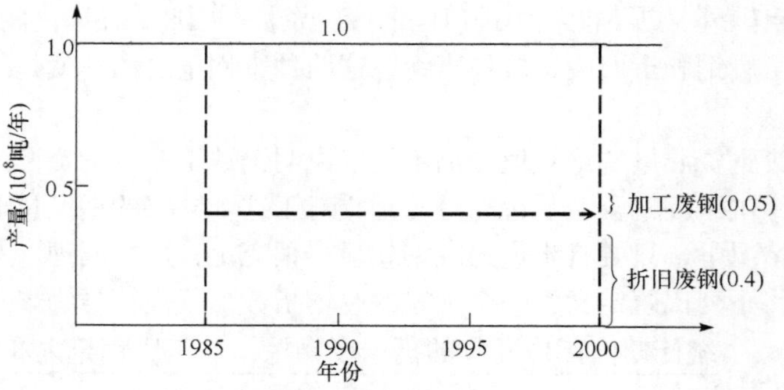

附图 6.1　钢产量不变情况下的废钢量

故废钢指数为

$$S = \frac{(0.4+0.05)×10^8}{1×10^8} = 0.45$$

2. 钢产量持续增长

例 F6.2　已知某国钢产量持续增长，1985 年为 $0.4×10^8$ 吨/年，15 年后(2000 年)为 $1.2×10^8$ 吨/年，如附图 6.2 所示。求 2000 年该国的废钢指数 S。

解　2000 年钢铁工业可得废钢量如下。

加工废钢量为

$$1.2×10^8×0.05 = 0.06×10^8 （吨/年）$$

折旧废钢量为

$$0.4×10^8×0.4 = 0.16×10^8 （吨/年）$$

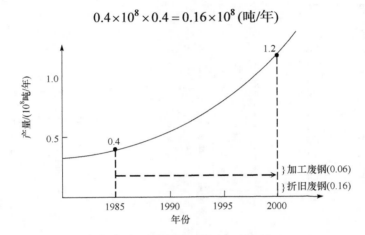

附图 6.2　钢产量持续增长情况下的废钢量

故废钢指数为

$$S = \frac{(0.16 + 0.06)×10^8}{1.2×10^8} = 0.18$$

3. 钢产量下降

例 F6.3　已知某国钢产量曾大幅度下降，1975 年为 $1.3×10^8$ 吨/年，而 1990 年为 $0.8×10^8$ 吨/年，见附图 6.3。求 1990 年该国的废钢指数 S。

解　1990 年钢铁工业可得废钢量如下。

加工废钢量为

$$0.8×10^8×0.05 = 0.04×10^8 （吨/年）$$

折旧废钢量为

$$1.3×10^8×0.4 = 0.52×10^8 （吨/年）$$

故废钢指数为

$$S = \frac{(0.52 + 0.04) \times 10^8}{0.8 \times 10^8} = 0.70$$

4. 小结

以上三个例题的计算结果如下。

例 F6.1：S=0.45。

例 F6.2：S=0.18。

例 F6.3：S=0.70。

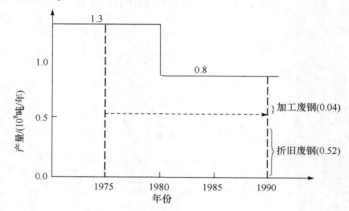

附图 6.3　钢产量下降情况下的废钢量

在三个例题的计算结果之间，为什么会有这么大的差别呢？原因只有一个，那就是钢产量变化情况不同。在例 F6.2 中，钢产量持续增长，所以 S 较低；而且不难理解，产量增长越快，S 越低。在例 F6.3 中，钢产量曾下降，因此 S 较高；而且不难理解，产量跌幅越大，S 越高。而例 F6.1 的情况介于例 F6.2 和例 F6.3 之间。

当然，如果在折旧废钢形成的过程中，不存在 F6.1 节所说的"时间差"，那么钢产量的变化对 S 的影响也就不存在了。然而，那是不可能的。由此可见，在研究钢铁工业的废钢资源时，引入"时间差"的概念很重要。

附录七　参数的分类及启示[①]

F7.1　参数的分类

在对钢产量和钢铁行业的能耗、物耗、排放进行分析的过程中，涉及不少参数。这里将对这些参数进行分类，并阐明各类参数之间的关系。

以钢产量呈指数增长这一种情况为例，参数的分类如附图 7.1 所示。图中将所涉及的全部参数划分为三类，即第①类基础参数，第②类中间参数，第③类工作指标。

基础参数(p、$\Delta\tau$、H_τ、G_τ、e_τ、m_τ、w_τ)，会影响中间参数(S_τ、ϕ_τ、T_τ)值，而中间参数又会影响钢铁行业的工作指标(P_τ、E_τ、M_τ、W_τ)。人们的目的是改善工作指标，但人们所能直接规定和掌控的因素，既不是中间参数，也不是工作指标，而是基础参数。因此，重要的是要在深入研究中间参数的基础上，弄清①、③两类变量之间的关系。这正是重点研究单位 GDP 钢产量(T 值)的原因所在。

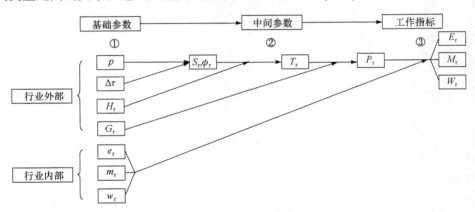

附图 7.1　参数分类图

p-第 τ 年与第 ($\tau-\Delta\tau+1$) 年间保持不变的钢产量年增长率；$\Delta\tau$-第 τ 年在役钢的平均使用寿命；H_τ-第 τ 年单位在役钢 GDP；G_τ-第 τ 年 GDP；e_τ-第 τ 年吨钢能耗（平均值）；m_τ-第 τ 年吨钢能耗（平均值）；w_τ-第 τ 年吨钢能耗（平均值）；S_τ-第 τ 年的在役钢量；ϕ_τ-第 τ 年的钢产量因子；T_τ-第 τ 年单位 GDP 钢产量；P_τ-第 τ 年钢产量；E_τ-第 τ 年钢铁行业的能耗；M_τ-第 τ 年钢铁行业的物耗；W_τ-第 τ 年钢铁行业的排放量

① 陆钟武，岳强，高成康. 论单位生产总值钢产量及钢产量、钢铁行业的能耗、物耗和排放. 中国工程科学，2013，15(4)：23-29.

还要说明，基础参数包括钢铁行业外部参数和内部参数两个部分。其中，外部参数(p、$\Delta\tau$、H_τ、G_τ)与整个经济社会运行状况有关，而内部参数(e_τ、m_τ、w_τ)基本上只与钢铁行业本身有关。

F7.2　从参数分类中得到的启示

从上述参数的分类中得到的重要启示是：钢铁行业的节能、降耗、减排工作，要两手一起抓，一手抓钢铁行业内部的各项基础参数(e_τ、m_τ、w_τ)，一手抓钢铁行业外部的各项基础参数(p、$\Delta\tau$、H_τ、G_τ)。前几项参数由钢铁行业自己抓，后几项参数由钢铁行业以外的有关部门抓。行业内部的各项基础参数要有限额，行业外部的各项参数也要有限额。

钢铁行业以外的有关部门要随时监控各中间参数，尤其是 T_τ；要千方百计逐步使 T_τ 降下来。只有这样，才有可能收到良好的效果。

现在容易产生的片面性，是只抓钢铁行业内部的各项参数，而置外部的各项参数于不顾。这种抓节能降耗减排的办法，充其量只能说抓了一半，丢了一半，而且丢掉的可是一大半，效果不会很好。

附录八　钢铁行业相关基础数据

附表 8.1　我国 1990～2014 年的有关基础数据

参数	1990 年	1991 年	1992 年	1993 年	1994 年	1995 年	1996 年	1997 年	1998 年	1999 年	2000 年	2001 年	2002 年
人口/万人	114333	115823	117171	118517	119850	121121	122389	123626	124761	125786	126743	127627	128453
GDP(G)/亿元(按当年价格)	18668	21782	26924	35334	48198	60794	71177	78973	84402	89677	99215	109655	120333
GDP(G)/亿元(以 2000 年为基准，不变价)	36779	40154	45873	52278	59117	65575	72138	78845	85021	91500	99215	107450	117208
GDP 规划值(G)/亿元(以 2000 年为基准，不变价)	36779	39932	43296	46937	50871	55101	59674	64603	69876	75506	81541	88003	94930
投资额(Z)/亿元	4517	5594	8080	13072	17042	20019	22974	24941	28406	29855	32918	37213	43202
粗钢产量(P)/亿吨	0.66	0.71	0.81	0.90	0.93	0.95	1.01	1.09	1.16	1.24	1.29	1.52	1.82
原生钢量(P_1)/万吨	5423	5818	6837	7259	7481	8470	9118	10002	10552	11376	11789.1	14073	16409
在役钢量(S)/亿吨①	5.40	5.81	6.35	7.25	8.04	8.67	9.30	10.04	10.86	11.81	12.79	14.07	15.64

参数	2003 年	2004 年	2005 年	2006 年	2007 年	2008 年	2009 年	2010 年	2011 年	2012 年	2013 年	2014 年
人口/万人	129227	129988	130756	131448	132129	132802	133450	134091	134735	135404	136072	136782
GDP(G)/亿元(按当年价格)	135823	159878	184937	216314	265810	314045	340903	401513	473104	519327	568845	636463
GDP(G)/亿元(以 2000 年为基准，不变价)	128959	141964	158021	178052	203269	222853	243387	268814	293799	316715	341102	366344
GDP 规划值(G)/亿元(以 2000 年为基准，不变价)	102356	110349	118968	128181	138093	148758	160213	172537	185809	200134	214543	232233
投资额(Z)/亿元	55567	70477	88774	109998	137324	172626	224599	278122	311485	374695	446294	512761
粗钢产量(P)/亿吨	2.22	2.83	3.53	4.19	4.89	5.01	5.72	6.37	6.85	7.24	7.79	8.23
原生钢量(P_1)/万吨	19839	25593	32204	38370	44850	46020	52950	58770	63470	68020	73560	77750
在役钢量(S)/亿吨①	17.69	20.08	25.23	28.40	31.63	35.56	40.28	45.68	51.14	56.60	62.59	—

① 由中国废钢铁应用协会提供。

水泥行业与铝行业篇

引　言

进入 21 世纪以来，我国以钢铁、水泥、有色金属为代表的基础材料行业产量高、能耗高、物耗高、排放量高，是个大问题。全国上下都很关注，报刊上发表了不少评论。但是，大家的看法很不一致。以水泥行业为例，关于其存在的主要问题，有人认为是过于分散；有人认为是产能过剩。关于其改革的方向，有人认为重点在于提高技术水平；有人认为工作重心是推进结构调整，严格控制产能。铝行业存在的问题与水泥行业基本类似。总之，对我国基础材料行业的现状和改革方向等问题，长期以来没有形成共识。这种情况，对于认真贯彻落实生态文明建设和"创新、协调、绿色、开放、共享"的发展理念，解决我国基础材料行业现存的问题，十分不利。为此，需要对这个问题进行深入透彻的研究。

钢铁行业篇对我国钢铁行业产量高、能耗高、物耗高、排放量高的问题进行了全面深入的研究，提出了钢铁行业宏观调控的网络图和计算式，认清了问题的症结，提出了解决问题的对策，在这类复杂问题的研究工作方面闯出了一条新路。

本篇的任务是在对钢铁行业研究的基础上，针对我国水泥行业和铝行业存在的问题进行解析。对这两个典型基础材料行业进行回顾与展望，找到它们存在的问题，并给出建议。

本篇的指导思想是落实科学发展观，全面深化改革，建设资源节约型、环境友好型社会。

本篇所采用的思维方式是分析思维(还原论)和综合思维(整体论)二者的结合。分析思维的特点是抓住一个东西，特别是物质的东西，分析下去，分析到极其细微的程度，可是往往忽略了整体联系。综合思维的特点是有整体观念，讲普遍联系，而不是只注意个别枝节或局部。

本篇的理论基础是在工业生态学研究工作中长期积累起来的有关理论成果，主要是一系列概念、公式和图表等，详见本书的附录。

接下来，本篇将分别从水泥行业和铝行业来单独阐述这两个典型基础材料行业产量、能耗、物耗、排放的宏观调控思路，回顾它们过去存在的主要问题，并对其今后的发展进行展望。

第4章　水泥行业研究方法

4.1　总　体　思　路

本章采用分析思维(还原论)和综合思维(整体论)相结合的方法,明确水泥行业关于能耗、物耗、排放问题的内部和外部参数,提出水泥行业宏观调控的网络图和计算式,基本上形成一套自成体系的理论和方法。

4.1.1　关注水泥行业内部和外部的主要参数

首先,对水泥产量、能耗、物耗和排放所涉及的主要参数进行分类:一类是水泥行业内部的参数,一类是外部的参数。其中,外部参数与整个经济社会运行状况有关,而内部参数基本上只与水泥行业本身有关。在分析水泥产量和能耗、物耗、排放的问题时,务必同时关注这两类参数,不可顾此失彼。

　　1. 水泥行业内部的参数

(1) 水泥行业能耗(E),吨标煤/年。
(2) 水泥行业物耗(M),吨实物/年。
(3) 水泥行业排放量(W),吨废物/年。
(4) 水泥行业废物产生量(W'),吨废物/年。
(5) 水泥产量(P),吨/年。

以上各参数虽然属于水泥行业内部,但是它们的数值大小仍取决于水泥行业的外部条件。

　　2. 水泥行业外部的参数

(1) 在役水泥量(S),吨/年。
(2) 实际完成的 GDP(G),万元/年。
(3) 国家规划的 GDP(G'),万元/年。
(4) 人口数量(C),人。
(5) 投资量(Z),万元/年。

3. 对其中五个参数的简要说明

(1) **在役水泥量**(S)：是指某年某国处于使用过程中的水泥制品中所含的水泥量。所谓水泥制品，是指各种人造的含水泥的制品，包括房屋建筑、基础设施等。

各种水泥制品的使用寿命是有限的，因此凡是已报废或不再使用的水泥制品中所含的水泥量，均不再计入在役水泥量。

如图 4-1 所示，设第 τ 年某国水泥制品的平均使用寿命为 $\Delta\tau$ 年，则在不考虑进出口贸易和库存量变化的前提下，第 τ 年该国的在役水泥量 S_τ 为

$$S_\tau = P_\tau + P_{\tau-1} + P_{\tau-2} + \cdots + P_{\tau-\Delta\tau+1}$$

式中，S_τ 为第 τ 年该国在役水泥量，吨/年；P_τ、$P_{\tau-1}$、$P_{\tau-2}$…、$P_{\tau-\Delta\tau+1}$ 分别为第 τ 年、第 ($\tau-1$) 年、第 ($\tau-2$) 年、…、第 ($\tau-\Delta\tau+1$) 年该国的水泥产量，吨/年。

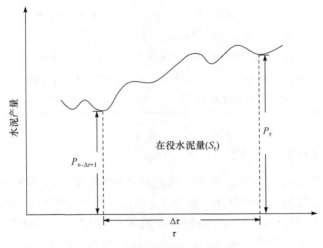

图 4-1　在役水泥量示意图

某年某国的在役水泥量是支撑该年该国 GDP 的物质基础之一。为了把水泥产量问题研究清楚，在役水泥量概念是不可或缺的。

(2) **实际完成的 GDP**(G)：是指国家实际完成的 GDP 统计值。

(3) **国家规划的 GDP**(G')：是指按国家正式发布的中长期规划制定的 GDP 增速计算出来的 GDP(我国五年规划曾制定"人均 GDP 十年翻一番")。

(4) **人口数量**(C)：是指某年某国人口的数量。

(5) **投资量**(Z)：是指某年某国中央、地方及社会投入国民经济的资金量。在投资量中，一部分是投向兴建固定资产的，因此对水泥产量的需求量有直接影响。

4.1.2　列出主要参数间的比值

依据上述各个参数间的相互关系，列出其中各相邻参数的比值，如能耗与水泥产量之比，用 E/P 表示。已知水泥行业内部和外部的主要参数有 10 个，故相邻参数的比值有 9 个，详细信息列于表 4-1。

表 4-1　网络图中相邻参数间的比值表

序号	比值	内容	名称	常用单位
1	E/P	水泥行业能耗/水泥产量	吨水泥能耗	吨标煤/吨
2	M/P	水泥行业物耗/水泥产量	吨水泥物耗	吨实物/吨
3	W'/P	水泥行业废物产生量/水泥产量	吨水泥废物产生量	吨废物/吨
4	W/W'	水泥行业的排放量/水泥行业废物产生量	废物排放率	吨废物/吨废物
5	P/S	水泥产量/在役水泥量	单位在役水泥量的水泥产量	吨/吨
6	S/G	在役水泥量/实际完成的 GDP	单位 GDP 的在役水泥量	吨/万元
7	G/G'	实际完成的 GDP/国家规划的 GDP	GDP 完成率	万元/万元
8	G'/C	国家规划的 GDP/人口数量	人均 GDP(国家规划值)	万元/(人·年)
9	Z/G	投资量/实际完成的 GDP	投资率	万元/万元

4.1.3　构建水泥行业的网络图

按照水泥行业内部和外部的各个参数及其相互之间的关联情况，绘制由 10 个参数和 9 个比值组成的网络图，如图 4-2 所示。网络图中设有 10 个节点，分别表示其中的一个参数，如能耗参数(简称节点 E)、水泥产量参数(简称节点 P)；节点之间用箭线连接，箭线表示关系；箭线旁标注相邻参数的比值。

4.1.4　关于网络图的若干说明

(1) 这张图很重要，因为它统揽全局，追根溯源，运筹帷幄。这张网络图是将还原论与整体论相结合的纽带，更是解开水泥行业宏观调控这一复杂性问题的钥匙，通过它，可以统筹考虑某国家或区域在不同时期有关能耗、物耗和排放等问题的各层次和各要素，在水泥行业外部参数和内部参数两个方面寻求问题的解决方法。

(2) 这张图很好懂，因为它层次分明，经纬清晰，大道至简。图中有 10 个参数，分行业内部和外部两个方面、7 个层次，最底层是人口数量，最顶层是水泥行业的能耗(E)、物耗(M)、排放量(W)。它有两种读法：一是由上向下读，即由网络图的顶层目标一直读到人口数量。这是由近及远、由果到因的读法。二是反过来，由远及近、由因到果的读法。

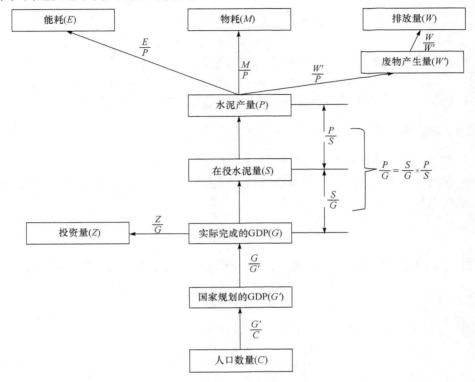

图 4-2 水泥行业宏观调控网络图

(3) 这张图很实用，因为它以参数为目，比值为纲，纲举目张。纵观网络图中各个参数之间所形成的关联、匹配与衔接，一目了然。其中比值最为关键，它是解决问题的纲，因为图中的每一个比值都能使水泥行业的 E、M、W 发生变化。尤其是水泥行业外部的各项比值，都能直接影响水泥产量，通过水泥产量的变化再去影响 E、M、W 三者。

(4) 所谓宏观调控，有点像中医的点"穴"。在这个意义上，这张图亦可称为"水泥行业宏观调控的经络图"。经络图上的"穴位"，相当于网络图上的"比值"。穴位是中医给患者治病的着力点(用扎针、按摩)；"比值"是决策者对社会经济系统进行宏观调控的着力点(用方针、政策)。找准了"穴位"，才能治好患者的病；找准了"比值"，才能治好社会经济系统的"病"。

因此，在宏观调控者的心目中，比值是"纲"，参数是"目"，纲举才能目张。在水泥行业宏观调控的实际工作中，要根据具体情况，找准少数几个参数间的比值，进行调控。这样，可收到更好的效果。

4.2　计 算 公 式

计算公式是指依据各个参数之间的关联程度所建立起来的一系列定量关系式：在两相邻参数(在网络图中位于同一或相邻层次)之间建立单比值计算式；在不相邻参数(参数间相隔两个或以上层次)之间建立多比值计算式。

4.2.1　单比值计算式

在每个单比值计算式中，都只有一个比值。

在网络图中，每一对相邻参数之间，都能写出一个这样的计算式。这样，可直接写出 9 个单比值计算式：

$$E = P \times \frac{E}{P} \tag{4-1}$$

式中，E 为某年某国水泥行业能耗，吨标煤/年；P 为某年某国水泥产量，吨/年。

$$M = P \times \frac{M}{P} \tag{4-2}$$

式中，M 为该年该国水泥行业物耗，吨实物/年。

$$W' = P \times \frac{W'}{P} \tag{4-3}$$

式中，W' 为该年该国水泥行业废物产生量，吨废物/年。

$$W = W' \times \frac{W}{W'} \tag{4-4}$$

式中，W 为该年该国水泥行业排放量，吨废物/年。

$$P = S \times \frac{P}{S} \tag{4-5}$$

式中，S 为该年该国的在役水泥量，吨/年。

$$S = G \times \frac{S}{G} \tag{4-6}$$

式中，G 为该年该国实际完成的 GDP，万元/年。

$$G = G' \times \frac{G}{G'} \tag{4-7}$$

式中，G' 为该年该国规划的 GDP，万元/年。

$$G' = C \times \frac{G'}{C} \tag{4-8}$$

式中，C 为该年该国的人口数量，人。

$$Z = G \times \frac{Z}{G} \tag{4-9}$$

式中，Z 为该年该国的投资量，万元/年。

以上各式虽然看似都很简单，但都很重要。例如，式(4-1)～式(4-3)表明，研究水泥行业能耗、物耗、排放问题，一定要特别关注水泥产量(P)，因为它是影响全行业能耗、物耗、排放的重要因素。

4.2.2　多比值计算式

1. 水泥行业能耗、物耗、排放量的多比值计算式

综上所述，联立式(4-1)及式(4-5)～式(4-8)，得

$$E = C \times \frac{G'}{C} \times \frac{G}{G'} \times \frac{S}{G} \times \frac{P}{S} \times \frac{E}{P} \tag{4-10}$$

式(4-10)是依据某年某国水泥行业能耗(最顶层参数)与该国人口数量(最底层参数)的关联程度建立起来的多比值计算式。因为这两个参数在网络图上相隔 5 个层次(图 4-2)，所以公式中含有 5 个比值。在人口数量 C 一定的情况下，这 5 个比值是影响全行业能耗 E 的重要因素。

同理，联立式(4-2)及式(4-5)～式(4-8)，得

$$M = C \times \frac{G'}{C} \times \frac{G}{G'} \times \frac{S}{G} \times \frac{P}{S} \times \frac{M}{P} \tag{4-11}$$

式(4-11)是在水泥行业物耗(M)与人口数量(C)之间建立起来的多比值计算式，其中也含 5 个比值。

联立式(4-3)、式(4-4)及式(4-5)～式(4-8)，得

$$W = C \times \frac{G'}{C} \times \frac{G}{G'} \times \frac{S}{G} \times \frac{P}{S} \times \frac{W'}{P} \times \frac{W}{W'} \tag{4-12}$$

式(4-12)是在水泥行业排放量(W)与人口数量(C)之间建立起来的多比值计算式，其中含有 6 个比值。

由图 4-2 可见，式(4-10)～式(4-12)将最顶层的参数与最底层的参数相关联，都是自上而下、"一竿子插到底"的计算式。这些计算式可用来对水泥行业宏观调控的各项措施和效果进行综合评价。

2. 水泥产量的多比值计算式

联立式(4-5)～式(4-8)，得

$$P = C \times \frac{G'}{C} \times \frac{G}{G'} \times \frac{S}{G} \times \frac{P}{S} \qquad (4-13)$$

式(4-13)是在水泥产量(P)与人口数量(C)之间(相隔 4 个层次)建立起来的多比值计算式，式中含有 4 个比值，每个比值对水泥产量都有调控作用。式(4-13)可用来就 4 个比值对水泥产量宏观调控的具体效果进行综合评价。

3. 人均水泥产量的多比值计算式

在式(1-13)等号两侧同除以人口数量(C)，得

$$\frac{P}{C} = \frac{G'}{C} \times \frac{G}{G'} \times \frac{S}{G} \times \frac{P}{S} \qquad (4-14)$$

式(4-14)是某年某国人均水泥产量的多比值计算式，其中含 4 个比值。该式表明，某年某国人均水泥产量取决于两个因素：一是人均 GDP，即 $\frac{G}{C} = \frac{G'}{C} \times \frac{G}{G'}$；

二是单位 GDP 水泥产量，即 $\frac{P}{G} = \frac{S}{G} \times \frac{P}{S}$。

4.2.3　简明计算式

本节将对式(4-10)～式(4-14)中 5 个多比值计算式进行适当的简化，导出更加简明、醒目的计算式。

因为 $\frac{S}{G} \times \frac{P}{S} = \frac{P}{G}$，其中，$\frac{P}{G}$ 为单位 GDP 水泥产量，代表符号为 T，所以此式可写成如下形式：

$$\frac{S}{G} \times \frac{P}{S} = T \qquad (4-15)$$

此外，

$$C \times \frac{G'}{C} \times \frac{G}{G'} = G \qquad (4-16)$$

所以，若将式(4-15)和式(4-16)代入式(4-10)～式(4-14)，则可分别导得以下各式。

1.水泥行业能耗、物耗、排放量的简明计算式

1) 能耗

将式(4-15)和式(4-16)代入式(4-10)，得

$$E = G \times T \times \frac{E}{P}$$

又因 $\dfrac{E}{P}$ 的名称为"单位产品能耗",代表符号为 e,故将此式改写为

$$E = G \times T \times e \tag{4-17}$$

式中,T 为某年某国的单位 GDP 水泥产量,吨/万元;e 为某年某国水泥行业的单位产品能耗,吨标煤/单位产品。

式(4-17)是水泥行业能耗的简明计算式。

2) 物耗

将式(4-15)和式(4-16)代入式(4-11),得

$$M = G \times T \times \dfrac{M}{P}$$

又因 $\dfrac{M}{P}$ 的名称为单位产品物耗,代表符号为小写字母 m,故将此式改写为

$$M = G \times T \times m \tag{4-18}$$

式中,m 为某年某国水泥行业的单位产品物耗,吨实物/单位产品。式(4-18)是水泥行业物耗的简明计算式。

3) 排放量

将式(4-15)、式(4-16)两式代入式(4-12),得

$$W = G \times T \times \dfrac{W'}{P} \times \dfrac{W}{W'}$$

又因 $\dfrac{W'}{P} \times \dfrac{W}{W'} = \dfrac{W}{P}$,它的名称为单位产品排放量,代表符号为小写字母 w,故将此式改写为

$$W = G \times T \times w \tag{4-19}$$

式中,w 为某年某国水泥行业的单位产品排放量,吨废物/单位产品。

式(4-19)是水泥行业排放量的简明计算式。

2. 水泥产量的简明计算式

将式(4-15)和式(4-16)代入式(4-13),得

$$P = G \times T \tag{4-20}$$

式(4-20)是水泥产量的简明计算式。它表明水泥产量等于 G 和 T 两者的乘积。

3. 人均水泥产量的简明计算式

在式(4-20)等号两边同除以人口数量(C),得

$$\dfrac{P}{C} = \dfrac{G}{C} \times T \tag{4-21}$$

式(4-21)是人均水泥产量的简明计算式。它表明人均水泥产量等于人均 GDP 和 T 两者的乘积。

归纳起来，式(4-17)～式(4-21)给人最深刻的印象是：G、T 两者无处不在，而且这两个数值的乘积就等于水泥产量。

得出的结论是：G 和 T 的乘积，必须成为人们关注的焦点，因为它不仅等于水泥产量，而且对水泥行业的能耗、物耗、排放量都有重要影响(详见附录十三)。

此外，还要说明：多比值计算式和简明计算式都很重要，它们两者是相通的、相辅相成的，各有各的用处。前者全面、详尽地指明了宏观调控工作应该从哪些方面入手；后者提纲挈领地说明了宏观调控工作必须关注的焦点。

4.2.4　两点说明

(1) 前面已经说过，多比值计算式中的每一个比值都对 E、M、W 等值有影响。现在要强调的是：这些比值的乘积，才是影响 E、M、W 等值的综合的、最终的因子。即使每一个比值的变化都不大，但是它们的乘积就会有较大变化。例如，式(4-10)中有 5 个比值，其中每个比值只升高 1%，它们的乘积就会升高 5.1%。因此，在宏观调控工作中，既要关注每个比值，又要关注它们的乘积。

(2) 前述各个多比值计算式和各个简明计算式都是静态的计算式，而经济运行过程是动态的，式中的各个比值和变量每年都在变化。因此，在实际工作中，这是必须考虑的问题。这方面具体的说明可参见第 5 章和第 8 章关于水泥和铝行业的情况分析。

第5章 回顾水泥行业的过去

本章将分别对水泥行业内部和外部两个方面进行回顾。

就行业本身而言，进入21世纪以来，我国水泥行业发生了突破性的变化，新技术、新装备的集约化生产不断取代落后、分散的小生产方式，随着国民经济建设快速发展，水泥产能及产量迅速增加，水泥行业新型干法生产工艺不断成熟，所占比例迅速增加，单位水泥产品的能耗、物耗和排放量逐年下降，水泥行业的方方面面都发生了深刻变化。不争的事实是：我国的水泥行业跨上了一个很大的台阶，为我国社会经济的发展做出了巨大贡献。

5.1 行业内部[①]

5.1.1 E/P 下降

在 1990～2015 年，我国的 E/P(吨水泥能耗)出现了明显下降(图 5-1)，由 1990 年的 175 千克标煤/吨，下降到 2015 年的 82 千克标煤/吨，在 25 年间下降了 53%，凸显了我国水泥行业的技术进步。

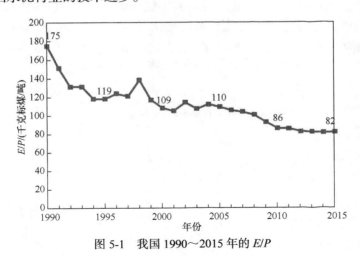

图 5-1 我国 1990～2015 年的 E/P

---

① 我国的水泥产量、能耗、物耗和排放量数据来自中国建筑材料联合会，世界水泥产量来自美国地质勘探局（United States Geological Survey，USGS）网站。

5.1.2　*M/P*下降

　　水泥行业的物耗主要包括石灰石、黏土、铁矿和石膏等。在 1990~2015 年，我国水泥行业的物耗由 3.0 亿吨快速增长到 31.7 亿吨，增长到原来的 10 倍多。吨水泥物耗(图 5-2)则由 1990 年的 1.44 吨实物/吨下降到 2015 年的 1.33 吨实物/吨，在 25 年间下降了 8%，也取得了一定的进步。

图 5-2　我国 1990~2015 年的 *M/P*

5.1.3　*W/P*下降

　　由于水泥行业的排放数据较少，本节所讨论的水泥行业的废物排放问题主要指 CO_2 排放，来自以下三个方面：原材料煅烧分解、化石燃料燃烧和电力消耗。

　　在 1990~2015 年，我国水泥行业的 CO_2 排放由 1.5 亿吨迅速增长到 13.2 亿吨，增长到原来的近 9 倍。与此同时，我国的吨水泥 CO_2 排放却出现一定程度的下降(图 5-3)，由 1990 年的 0.71 吨/吨，下降到 2015 年的 0.55 吨/吨，在 25 年间

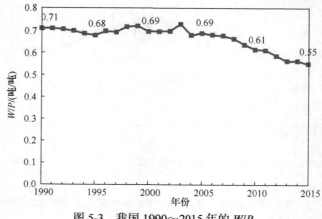

图 5-3　我国 1990~2015 年的 *W/P*

下降了 23%，取得了不错的进步。

5.1.4　W/W'过大

水泥行业的排放量(W)与废物产生量(W')之比，也是其行业内部的一个比值，主要反映企业的脱硫、脱硝、除尘、固体废弃物等末端治理措施和技术的实施效果。该比值过大，说明相关治理措施的实施仍不到位。

以粉尘排放为例，根据文献资料，我国 2012 年水泥行业粉尘排放的平均值和先进值分别为 $100\sim200mg/Nm^3$ 和 $20\sim50mg/Nm^3$，而世界平均值和先进值分别为 $71mg/Nm^3$ 和 $10\sim30mg/Nm^3$；以 SO_2 排放和 NO_x 排放为例，采用 XDL 高固气比悬浮预热分解技术的先进水泥生产工艺，可以比传统工艺分别减少约 75%的 SO_2 排放和 50%的 NO_x 排放。若以 CO_2 排放为例，由于技术和经济因素，其产生量和排放量基本相同，即 W/W'约等于 1，更是具有进一步下降的空间。

总体来看，在 1990~2015 年，我国水泥行业的能耗、物耗和 CO_2 排放都出现了快速增长，但由于水泥行业内部的技术进步和管理水平的提高，无论是 E/P(吨水泥能耗)，还是 M/P(吨水泥物耗)和 W/P(吨水泥 CO_2 排放)都出现一定程度的下降；而 W/W'仍然较大，说明我国在水泥行业的末端治理方面还有一定的提升潜力。

5.2　行 业 外 部

5.2.1　G/G'过大

本节讨论实际完成的 GDP(G)与国家规划的 GDP(G')之间比值过大的问题。

近 20 年来，国家规划的 GDP 增速是"人均 GDP 十年翻一番"，即 GDP 年均增速约为 7.2%。但是，在以往"以 GDP 论英雄"的大环境下，各级政府在制定规划时，都无一例外地受此影响，追求较高的 GDP 增长率。例如，有些省级规划中的 GDP 增速为 9%~11%，有些市级规划中为 11%~13%，个别市甚至在 20%以上。这样执行的结果是：全国 GDP 年均增速高达 10%，而不是 7.2%，两者的差别，虽然只有约 3 个百分点，但是在指数增长的模式下，若干年后，G 就会比 G'高得多。近 20 多年来，我国 G/G'(图 5-4)逐年增加。

在 1990~2015 年，我国的 G/G'由 1.00 快速增长到 1.56，这是水泥产量过高，水泥行业能耗、物耗、排放量都过大的重要原因之一。

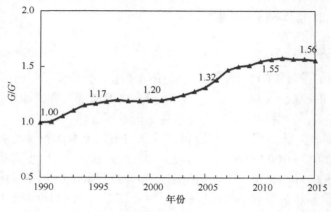

图 5-4　我国 1990～2015 年的 G/G'

以 1990 年作为基准

5.2.2　Z/G 过大

本节讨论投资量(Z)与实际完成的 GDP(G)之间比值过大的问题。

国民经济运行过程中，每年都需要有新的投资。这是正常现象。但投资率过高，主要靠投资拉动经济，是不正常的，是不可持久的。长期以来，各级政府希望通过投资拉动 GDP 增长，使投资率增长率长期高于 GDP 增长率，导致投资率过高。

与此同时，投资率过高也是我国近些年来水泥产量过高的重要原因之一。因为在国民经济中，水泥作为基础和结构材料几乎是无处不在的；每年的投资项目中，哪怕只有很少一部分用到水泥，累积起来对水泥产量的拉动作用也是不小的。

1990～2015 年，我国投资率一路飙升(图 5-5)。

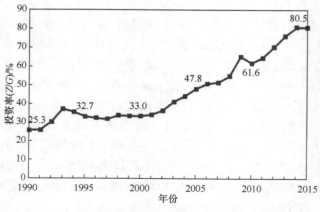

图 5-5　我国 1990～2015 年的投资率(Z/G)

1990 年 Z/G(投资率)为 25.3%，2000 年为 33.0%，2010 年上升到 61.6%，2015

年竟高达 80.5%，实属罕见。

　　投资率过高，不仅是水泥产量过高的重要原因之一，也是我国社会经济系统宏观调控中必须解决的一个大问题。

5.2.3　*P*/*G* 过大

　　本节讨论水泥产量(*P*)与实际完成的 GDP(*G*)之间比值过大的问题。这个比值的名称是"单位 GDP 水泥产量"，代表符号是 *T*，因此本节讨论的问题也可以说是单位 GDP 水泥产量(*T*)过大的问题。

　　由图 5-6 可见，自 1990 年以来，我国的 *P*/*G* 一直在 4～5.1 吨/万美元波动，处于高位运行。相比较而言，我国的 *P*/*G* 是美国的 50～100 倍、巴西的 7～11 倍、印度的 2.5～3 倍、俄罗斯的 6～10 倍、南非的 8～13 倍，这是一种非常不正常的情况，实属罕见。

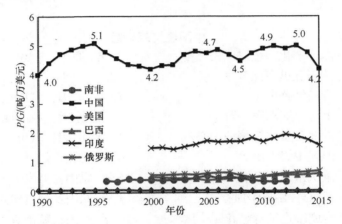

图 5-6　中国等国家 1990～2015 年的 *P*/*G*(即单位 GDP 水泥产量，*T*)
图中所涉及的 GDP 为 2005 年美元价格

　　由第 4 章的简明计算式(4-17)～式(4-19)可知，水泥行业能耗、物耗、排放量与 GDP、单位 GDP 水泥产量(*T*)，以及吨水泥能耗(*E*/*P*)、吨水泥物耗(*M*/*P*)、吨水泥排放量(*W*/*P*)直接相关。近年来我国的 *E*/*P*、*M*/*P* 和 *W*/*P* 都出现了相对明显的下降趋势，而 GDP 增长是社会发展大势所趋，因此我国水泥行业能耗、物耗、排放量过高的主因就是 *T* 值过大。

　　这个比值是宏观经济方面的一个指标。它的大小主要取决于产业结构、产品结构、技术水平等因素。凡是第二产业比重较大、中低档产品比重较大、技术水平较低的国家，这个比值都较大。此外，凡是宏观管理工作较落后，大量浪费资源等不正常现象频繁出现的国家，这个比值也都较大。这些不正常现象，主要是指形象工程、政绩工程、楼堂馆所、超标建筑、空置房屋等。这些年来，我国就是因为第二产业比重过大、中低档产品比重过大以及技术和管理水平低下，T 值才过大的。

另外，这个比值也与水泥制品的平均寿命密切相关。根据相关报道，我国建筑的平均寿命仅 25~30 年，而以美国、英国为代表的发达国家的建筑平均寿命在 70 年甚至 100 年以上。那么，为什么水泥制品寿命会缩短呢？本研究认为以下 7 种现象的影响最为显著，即拆迁房屋、豆腐渣工程、烂尾工程、废弃的违规建设项目、淘汰落后产能、天灾损毁的固定资产、事故损毁的固定资产。必须说明，以上各现象，虽然都是 T 值上升的重要原因，但情况各异，如何处理，要区别对待。

专栏 1

　　按照国家《民用建筑设计通则》规定，重要建筑和高层建筑主体结构的耐久年限为 100 年，一般性建筑为 50~100 年。可现实却好像不是这样……

中国建筑寿命短

- ◆ 浙江奉化一幢居民楼　　　　　20 年　原因：倒塌
- ◆ 沈阳五里河体育场　　　　　　18 年　原因：重建
- ◆ 青岛铁路大厦　　　　　　　　16 年　原因：城市规划
- ◆ 上海"亚洲第一弯"　　　　　11 年　原因：城市规划
- ◆ 湖北首义体育培训中心　　　　10 年　原因：城市规划
- ◆ 温州中银大厦　　　　　　　　6 年　原因：烂尾
- ◆ 重庆永州市会展中心　　　　　5 年　原因：开发
- ◆ 武汉外滩花园小区　　　　　　4 年　原因：规章建筑
- ◆ 合肥维也纳森林花园小区　　　0 年　原因：城市规划
- ◆ 上海闵行莲花河畔景苑 7 号楼　0 年　原因：倒塌

如今中国城市建筑平均使用寿命仅 25~30 年。

http://business.sohu.com/s2014/picture-talk-139/index.shtml

5.3　小　　结

回顾水泥行业的过去，我国水泥行业的能耗、物耗、排放量均出现了显著增长，究其原因，除 W/W' 之外，行业内部的吨水泥能耗(E/P)、吨水泥物耗(M/P)、吨水泥排放量(W/P)等均出现了下降，技术进步明显，所以其主要影响因素来自行业外部，即 G/G'、Z/G 和 P/G 这三个比值过大，今后宏观调控的重点应该放在这三个因素上。

第6章　水泥行业的展望

展望未来，三点基本看法如下：

(1) 水泥行业的宏观调控是我国社会经济系统全面深化改革的重要组成部分。

(2) 调控工作的原则是协调配套、循序渐进，绝不能只是"硬压"水泥产量(或产能)，而不进行全面深化改革，否则水泥产量是会"反弹"的。

(3) 要加强宏观调控，降低 G/G'、Z/G、P/G、W/W'等比值，使水泥行业的产量(P)、能耗(E)、物耗(M)、排放量(W)等参数尽早跨越"顶点"，进入下降期。

6.1　水泥产量的走向

1. 基本概念

在 GDP 恒速增长的过程中，水泥产量的走向有三种可能：一是逐年上升，二是保持不变，三是逐年下降。不同的走向取决于 T(单位 GDP 水泥产量)的年下降幅度(详见附录九)。

例如，在 GDP 每年增长 6.5%的过程中，水泥产量三种不同走向的条件分别如下：

(1) 若 T 每年降低不足 6.1%，则水泥产量逐年上升，而且 T 的年下降率越小，水泥产量上升越快。

(2) 若 T 每年降低 6.1%，则水泥产量不变。

(3) 若 T 每年降低超过 6.1%，则水泥产量逐年下降，而且 T 的年下降率越高，水泥产量下降越快。

还要进一步说明，上述 T 每年降低 6.1%的要求，乍看起来似乎高不可及，其实并非如此。因为 $T = \dfrac{S}{G} \times \dfrac{P}{S}$，所以只要等号右侧的这两个比值分别每年降低 3.1%，就能使 T 的年下降率达到 6.1%。更何况，从我国实际情况看，只要做好相关的宏观调控和具体的管理工作，这两个比值下降的空间是很大的。在今后较长时间内，达到上述要求(T 下降率大于 6.1%)，肯定是没有问题的。

2. 关于我国水泥产量的走向

2000~2015 年，我国的实际情况是：水泥产量的增速与 GDP 增速基本一致，年均增长高达 9.6%。在"十三五"期间，我国 GDP 将大致保持 6.5%的增速。在此情况下，本章的设想是：通过高效的宏观调控，使 T 值的年降低率尽快达到 6.1% 左右，使水泥产量进入稳定期。然后，通过进一步努力使 T 值的年降低率进一步提高，水泥产量进入下降期。数据显示，2016 年我国水泥产量为 24.0 亿吨，2017 年第一季度的产量同比下降 0.3%，总体上我国的水泥产量已经呈现相对稳定并开始下降的趋势，与本章的设想基本一致。图 6-1 是以上设想的示意图。

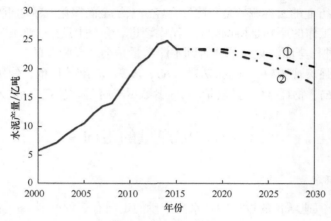

图 6-1　我国水泥产量走向的示意图

　　图 6-1 中，2000～2015 年的数据是实际水泥产量的变化，点划线段是 2016～2030 年间设想中的水泥产量走向。其中，情景①是常规宏观调控的情况，在此情景下，2016～2020 年的水泥产量保持稳定，然后在 2021～2030 年开始逐年下降，即水泥产量在 2016～2020 年有个缓冲阶段，在 2030 年降至 20 亿吨左右；情景②是加强宏观调控的情况，也是本章期待的情景，在此情景下，水泥产量在 2015 年提前出现拐点，随后在 2016～2030 年逐年下降，在 2030 年降至 17 亿吨左右。必须强调，这一段时间内的实际情况会是怎样，则完全取决于这段时间内宏观调控的力度、深度和广度。

6.2　水泥行业能耗、物耗、排放量的走向

1. 基本概念

　　先强调一下前几章已阐明的几个基本概念：

　　在水泥行业吨水泥能耗(E/P)、吨水泥物耗(M/P)、吨水泥排放量(W/P)三者都保持不变的情况下，水泥行业的能耗(E)、物耗(M)、排放量(W)都与水泥产量(P)

成正比。

要加强环保意识，大幅度降低废物排放率(W/W')。经过一段时间的努力，随着先进水泥生产工艺不断替代老旧的生产工艺，以及先进的除尘、脱硫、脱硝设备在水泥行业的推广应用，这个比值应得到一定程度的降低。

2. 关于我国水泥行业 E、M、W 的走向

基于以上几个基本概念，本章的看法是：如果 2016～2030 年我国水泥产量走向如图 6-1 所示，那么我国水泥行业的 E、M、W 三者都会比水泥产量稍微提前一点进入下降期，而且下降速度也会比水泥产量下降速度快些。这对于节能、降耗工作有重要意义。

此外，如果能大幅度降低排放率(W/W')，那么水泥行业的排放量(W)会比能耗(E)、物耗(M)下降得更快些。

6.3　宏观调控的内容

1. 降低 G/G'

本小节强调的是要降低实际完成的 GDP(G)与国家规划的 GDP(G')之间的比值。

为此，要转变观念，再也不能"以 GDP 增长率来论英雄"了，一定要把生态环境放在经济社会发展评价体系的突出位置。

要充分理解"指数增长"的奥秘，并在此基础上慎重决策。

要在科学发展观指导下，修订干部奖惩条例。

2. 降低 Z/G

本小节强调的是要降低投资量(Z)与实际完成的 GDP(G)之间的比值。

为此，要转变观念，不要过分依靠投资拉动经济，而要靠增强社会经济系统的内生动力。

要监控地方政府举债投资的额度，而且要规定谁借谁还。

国内兴建重大项目的决策程序应该规范化，防止出现在调研不足、论证不充分情况下"拍胸脯"型的决策。决策者对决策项目，应终生负责。

总之，要尽快遏制 Z/G 比值增长的势头，经过几年的努力，使之转为逐年降低的走向。

3. 降低 P/G

本小节强调的是要降低水泥产量(P)与实际完成的 GDP(G)之间的比值。

这个比值特别重要。这个比值的名称是"单位 GDP 水泥产量",代表符号是 T。在 GDP 一定的条件下,T 是影响水泥产量的唯一因素。

因此,建议要对这个比值随时监督,每月或每季度按统计部门的数据,计算一次 T,发布结果,并从实际情况出发,研究下一步的对策。

按照国家"十三五"规划,我国在 2016～2020 年期间的 GDP 年增长率为 6.5%。2015 年我国的水泥产量为 23.48 亿吨,假设在"十三五"期间的 T 每年平均降低 6%～7%,则计算表明:我国 2020 年的水泥产量相当于 2015 年的 95.3%～100.6%,为 22.38 亿～23.61 亿吨。更长远的目标,是把单位 GDP 水泥产量(T)降到很低,使之逐步与发达国家取齐。

为了有效降低 T 值,建议具体措施如下。

(1) 进一步调整产业结构,使第三产业的增速超过第一、二产业。

(2) 调整产品结构,使产品的档次逐年升级,即由中低档向中高档、高档提升。

(3) 提高企业的生产、管理和经营水平,并充分发挥机械化、自动化、网络化的作用。

(4) 要防止出现以下各种不正常现象:形象工程、政绩工程、楼堂饭厅、超标建筑、空置房屋、乱拆、乱建、豆腐渣工程、烂尾工程、违规建设项目、事故和天灾损毁固定资产等。

4. 降低 W/W'

本小节强调的是要降低排放量(W)与废物产生量(W')之间的比值。

这是水泥行业内部的一个比值。

第 5 章介绍了我国水泥行业的粉尘、SO_2 和 NO_x 排放水平距离世界先进水平还有进一步提升的空间,但是若采用先进的生产工艺(如徐德龙(Xu De Long,XDL)高固气比悬浮预热分解技术),则可以大大降低相关废物的排放水平。

因此,今后在末端治理方面,要在全国范围内进一步推广先进的水泥生产工艺,并提高先进除尘、脱硫、脱硝设备在水泥行业的应用,加大相关领域的投资和工作力度,尽可能降低 W/W'。

此外,水泥行业对于工业废渣(粉煤灰、煤矸石、高炉渣、硫酸渣、电石渣等)的利用量还有进一步提升的空间,建议政府进一步出台相关鼓励政策,提高工业废渣和可燃生活垃圾作为水泥生产原料和燃料的利用量,从源头上减少水泥生产过程中的资源和能源消耗。

第 7 章 铝行业研究方法

7.1 总 体 思 路

本章采用分析思维(还原论)和综合思维(整体论)相结合的方法,明确铝行业关于能耗、物耗、排放问题的内部和外部参数,提出铝行业宏观调控的网络图和计算式,基本上形成一套自成体系的理论和方法。

7.1.1 关注铝行业内部和外部的主要参数

首先,对铝产量以及铝行业能耗、物耗和排放所涉及的主要参数进行分类:一类是铝行业内部的参数,一类是外部的参数。其中,外部参数与整个经济社会运行状况有关,而内部参数基本只与铝行业本身有关。在分析铝产量和铝行业能耗、物耗、排放的问题时,务必同时关注这两类参数,不可顾此失彼。

1. 铝行业内部的参数

(1) 铝行业能耗(E),吨标煤/年。

(2) 铝行业物耗(M),吨实物/年。

(3) 铝行业排放量(W),吨废物/年。

(4) 铝行业废物产生量(W'),吨废物/年。

(5) 铝产量(P),吨/年。

(6) 原生铝产量(P_1),吨/年。

(7) 再生铝产量(P_2),吨/年。

以上各参数虽然属于铝行业内部,但是它们的数值大小,仍取决于铝行业的外部条件。

2. 铝行业外部的参数

(1) 在役铝量(S),吨/年。

(2) 实际完成的 GDP(G),万元/年。

(3) 国家规划的 GDP(G'),万元/年。

(4) 人口数量(C),人。

(5) 投资量(Z),万元/年。

3. 对其中五个参数的简要说明

(1) **在役铝量**(S)：是指某年某国处于使用过程中铝制品中所含的铝量。铝制品是指各种人造的含铝制品，包括房屋建筑、基础设施、机器设备、交通工具、各类容器、生活用品等。

铝制品的使用寿命是有限的，因此凡是已报废或不再使用的铝制品中所含的铝量，均不再计入在役铝量。

如图 7-1 所示，设第 τ 年某国铝制品的平均使用寿命为 $\Delta\tau$ 年，则在不考虑进出口贸易和库存量变化的前提下，第 τ 年该国的在役铝量 S_τ 为

$$S_\tau = P_\tau + P_{\tau-1} + P_{\tau-2} + \cdots + P_{\tau-\Delta\tau+1}$$

式中，S_τ 为第 τ 年该国的在役铝量，吨/年；P_τ、$P_{\tau-1}$、$P_{\tau-2}\cdots$、$P_{\tau-\Delta\tau+1}$ 分别为第 τ 年、第 $(\tau-1)$ 年、第 $(\tau-2)$ 年、$\cdots$、第 $(\tau-\Delta\tau+1)$ 年该国的铝产量，吨/年。

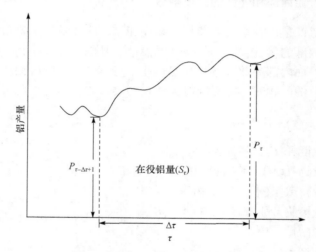

图 7-1　某年某国在役铝量示意图

某年某国的在役铝量是支撑该年该国 GDP 的物质基础之一。为了把铝产量问题研究清楚，在役铝量概念是不可或缺的。

(2) **实际完成的 GDP**(G)：是指国家实际完成的 GDP 统计值。

(3) **国家规划的 GDP**(G)：是指按国家正式发布的中长期规划制定的 GDP 增速，计算出来的 GDP(我国五年规划曾制定"人均 GDP 十年翻一番")。

(4) **人口数量**(C)：是指某年某国人口的数量。

(5) **投资量**(Z)：是指某年某国中央、地方及社会投入国民经济的资金量。在投资量中，一部分是投向兴建固定资产的，所以对铝的需求量有直接影响。

7.1.2　列出主要参数间的比值

依据上述各个参数间的相互关系，列出其中各相邻参数的比值，如能耗与铝产量之比，用 E/P 表示。已知铝行业内部和外部的主要参数有 12 个，故相邻参数的比值有 11 个，详细信息列于表 7-1。

表 7-1　网络图中相邻参数间的比值表

序号	比值	内容	名称	常用单位
1	E/P	铝行业能耗/铝产量	吨铝能耗	吨标煤/吨
2	M/P	铝行业物耗/铝产量	吨铝物耗	吨实物/吨
3	W'/P	铝行业废物产生量/铝产量	吨铝废物产生量	吨废物/吨
4	W/W'	铝行业的排放量/铝行业废物产生量	废物排放率	吨废物/吨废物
5	P_1/P	原生铝产量/铝产量	原生铝比	吨/吨
6	P_2/P	再生铝产量/铝产量	再生铝比	吨/吨
7	P/S	铝产量/在役铝量	单位在役铝量的铝产量	吨/吨
8	S/G	在役铝量/实际完成的 GDP	单位 GDP 的在役铝量	吨/万元
9	G/G'	实际完成的 GDP/国家规划的 GDP	GDP 完成率	万元/万元
10	G'/C	国家规划的 GDP/人口数量	人均 GDP(国家规划值)	万元/(人·年)
11	Z/G	投资量/实际完成的 GDP	投资比	万元/万元

7.1.3　构建铝行业的网络图

按照铝行业内部和外部的各个参数及其相互之间的关联情况,绘制由 12 个参数和 11 个比值组成的网络图,如图 7-2 所示。网络图中设有 12 个"节点",分别表示其中的一个参数,如能耗参数(简称节点 E)、铝产量参数(简称节点 P);节点之间用箭线连接,箭线表示关系;箭线旁标注相邻参数的比值。

7.1.4　关于网络图的若干说明

(1) 这张图很重要, 因为它统揽全局, 追根溯源, 运筹帷幄; 这张网络图是将还原论与整体论相结合的纽带, 更是解开铝行业宏观调控这一复杂性问题的钥匙, 通过它, 可以统筹考虑某国家或区域在不同时期有关能耗、物耗和排放量等问题的各层次和各要素, 在铝行业外部参数和内部参数两个方面寻求问题的解决之道。

(2) 这张图很好懂, 因为它层次分明, 经纬清晰, 大道至简。图中有 12 个参数, 分行业内部和外部两个方面、7 个层次, 最底层是人口数量, 最顶层是铝行

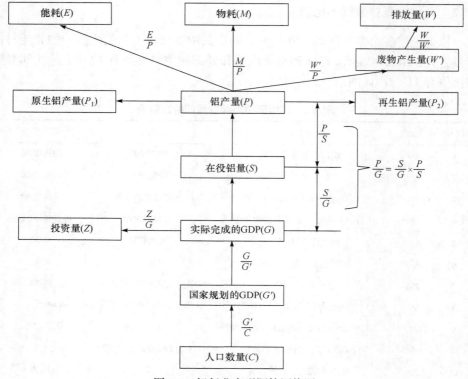

图 7-2　铝行业宏观调控网络图

业的能耗(E)、物耗(M)、排放量(W)。它有两种读法：一是由上向下读，即由网络图的顶层目标一直读到人口数量。这是由近及远、由果到因的读法。二是反过来，由远及近、由因到果的读法。

(3) 这张图很实用，因为它以参数为目，比值为纲，纲举目张。纵观网络图中各个参数之间所形成的关联、匹配与衔接，一目了然。其中比值最为关键，它是解决问题的纲，因为图中的每一个比值都能使铝行业的 E、M、W 发生变化。尤其是铝行业外部的各项比值，都能直接影响铝产量，通过铝产量的变化再去影响 E、M、W 三者。

(4) 所谓宏观调控，有点像中医的点"穴"。在这个意义上，这张图亦可称为"铝行业宏观调控的经络图"。经络图上的"穴位"，相当于网络图上的"比值"。穴位是中医给患者治病的着力点(用扎针、按摩)；"比值"是决策者对社会经济系统进行宏观调控的着力点(用方针、政策)。找准了"穴位"，才能治好患者的病；找准了"比值"，才能治好社会经济系统的"病"。

因此，在宏观调控者的心目中，比值是"纲"，参数是"目"，纲举才能目张。在铝行业宏观调控的实际工作中，要根据具体情况，找准少数几个参数间的比值，进行调控。这样，可收到更好的效果。

7.2　计算公式

计算公式是指依据各个参数之间的关联程度所建立的一系列定量关系式：在两相邻参数(在网络图中位于同一或相邻层次)之间建立单比值计算式；在不相邻参数(参数间相隔两个或以上层次)之间建立多比值计算式。

7.2.1　单比值计算式

在每个单比值计算式中，都只有一个比值。

在网络图中，每一对相邻参数之间，都能写出一个单比值计算式。这样，可直接写出 11 个单比值计算式：

$$E = P \times \frac{E}{P} \tag{7-1}$$

式中，E 为某年某国铝行业能耗，吨标煤/年；P 为某年某国铝产量，吨/年。

$$M = P \times \frac{M}{P} \tag{7-2}$$

式中，M 为该年该国铝行业物耗，吨实物/年。

$$W' = P \times \frac{W'}{P} \tag{7-3}$$

式中，W' 为该年该国铝行业废物产生量，吨废物/年。

$$W = W' \times \frac{W}{W'} \tag{7-4}$$

式中，W 为该年该国铝行业排放量，吨废物/年。

$$P_1 = P \times \frac{P_1}{P} \tag{7-5}$$

式中，P_1 为该年该国原生铝产量，吨/年。

$$P_2 = P \times \frac{P_2}{P} \tag{7-6}$$

式中，P_2 为该年该国再生铝产量，吨/年。

$$P = S \times \frac{P}{S} \tag{7-7}$$

式中，S 为该年该国在役铝量，吨/年。

$$S = G \times \frac{S}{G} \tag{7-8}$$

式中，G 为该年该国实际完成的 GDP，万元/年。

$$G = G' \times \frac{G}{G'} \tag{7-9}$$

式中，G' 为该年该国规划的 GDP，万元/年。

$$G' = C \times \frac{G'}{C} \tag{7-10}$$

式中，C 为该年该国的人口数量，人。

$$Z = G \times \frac{Z}{G} \tag{7-11}$$

式中，Z 为该年该国的投资量，万元/年。

以上各式虽然看似很简单，但都很重要。例如，式(7-1)～式(7-3)表明，研究铝行业能耗、物耗、排放问题，一定要特别关注铝产量(P)，因为它是影响全行业能耗、物耗、排放的重要因素。

7.2.2　多比值计算式

1. 铝行业能耗、物耗、排放量的多比值计算式

综上所述，联立式(7-1)及式(7-7)～式(7-10)，得

$$E = C \times \frac{G'}{C} \times \frac{G}{G'} \times \frac{S}{G} \times \frac{P}{S} \times \frac{E}{P} \tag{7-12}$$

式(7-12)是依据某年某国铝行业能耗(最顶层参数)与该国人口数量(最底层参数)的关联程度建立起来的多比值计算式。因为这两个参数在网络图上相隔 5 个层次(图 7-2)，所以公式中含有 5 个比值。在人口数量 C 一定的情况下，这 5 个比值是影响全行业能耗 E 的重要因素。

同理，联立式(7-2)及式(7-7)～式(7-10)，得

$$M = C \times \frac{G'}{C} \times \frac{G}{G'} \times \frac{S}{G} \times \frac{P}{S} \times \frac{M}{P} \tag{7-13}$$

式(7-13)是在铝行业物耗(M)与人口数量(C)之间建立起来的多比值计算式，其中也含 5 个比值。

联立式(7-3)、式(7-4)及式(7-7)～式(7-10)，得

$$W = C \times \frac{G'}{C} \times \frac{G}{G'} \times \frac{S}{G} \times \frac{P}{S} \times \frac{W'}{P} \times \frac{W}{W'} \tag{7-14}$$

式(7-14)是在铝行业排放量(W)与人口数量(C)之间建立起来的多比值计算式，其中含有 6 个比值。

由图 7-2 可见，式(7-12)～式(7-14)将最顶层的参数与最底层的参数相关联，都是自上而下、"一竿子插到底"的计算式。这些计算式可用来对铝行业宏观调控的各项措施和效果进行综合评价。

2. 铝产量的多比值计算式

联立式(7-7)～式(7-10)，得

$$P = C \times \frac{G'}{C} \times \frac{G}{G'} \times \frac{S}{G} \times \frac{P}{S} \tag{7-15}$$

式(7-15)是在铝产量(P)与人口数量(C)之间(相隔 4 个层次)建立起来的多比值计算式，式中含有 4 个比值，每个比值对铝产量都有调控作用。式(7-15)可用来就 4 个比值对铝产量宏观调控的具体效果进行综合评价。

3. 人均铝产量的多比值计算式

在式(7-15)等号两侧同除以人口数量(C)，得

$$\frac{P}{C} = \frac{G'}{C} \times \frac{G}{G'} \times \frac{S}{G} \times \frac{P}{S} \tag{7-16}$$

式(7-16)是某年某国人均铝产量的多比值计算式，其中含 4 个比值。该式表明，某年某国人均铝产量取决于两个因素：一是人均 GDP，即 $\frac{P}{G} = \frac{S}{G} \times \frac{P}{S}$；二是单位 GDP 铝产量，即 $\frac{G}{C} = \frac{G'}{C} \times \frac{G}{G'}$。

7.2.3 简明计算式

本节将对式(7-12)～式(7-16)中 5 个多比值计算式进行适当简化，导出更加简明、醒目的计算式。

$\frac{S}{G} \times \frac{P}{S} = \frac{P}{G}$，其中的 $\frac{P}{G}$ 名称为单位 GDP 铝产量，代表符号为 T。因此，此式可写成如下形式：

$$\frac{S}{G} \times \frac{P}{S} = T \tag{7-17}$$

此外，

$$C \times \frac{G'}{C} \times \frac{G}{G'} = G \tag{7-18}$$

所以，若将式(7-17)和式(7-18)代入式(7-12)～式(7-16)，则可分别导出以下各式。

1. 铝行业能耗、物耗、排放量的简明计算式

1) 能耗

将式(7-17)和式(7-18)代入式(7-12)，得

$$E = G \times T \times \frac{E}{P}$$

又因 $\frac{E}{P}$ 的名称为"吨铝能耗"，代表符号为 e，故将此式改写为

$$E = G \times T \times e \tag{7-19}$$

式中，T 为某年某国的单位 GDP 铝产量，吨/万元；e 为某年某国铝行业的吨铝能耗，吨标煤/吨。

式(7-17)是铝行业能耗量的简明计算式。

2) 物耗

将式(7-17)和式(7-18)代入式(7-13)，得

$$M = G \times T \times \frac{M}{P}$$

又因 $\frac{M}{P}$ 的名称为"吨铝物耗"，代表符号为小写字母 m，故将此式改写为

$$M = G \times T \times m \tag{7-20}$$

式中，m 为某年某国基铝行业的吨铝物耗，吨实物/吨。式(7-20)是铝行业物耗量的简明计算式。

3) 排放量

将式(7-17)和式(7-18)代入式(7-14)，得

$$W = G \times T \times \frac{W'}{P} \times \frac{W}{W'}$$

又因 $\frac{W'}{P} \times \frac{W}{W'} = \frac{W}{P}$，它的名称为"吨铝排放量"，代表符号为小写字母 w，故将此式改写为

$$W = G \times T \times w \tag{7-21}$$

式中，w 为某年某国铝行业的吨铝废物排放量，吨废物/吨。

式(7-21)是铝行业排放量的简明计算式。

2. 铝产量的简明计算式

将式(7-17)和式(7-18)代入式(7-15)，得

$$P = G \times T \tag{7-22}$$

式(7-22)是铝产量的简明计算式。它表明，铝产量等于 G 和 T 两者的乘积。

3. 人均铝产量的简明计算式

在式(7-22)等号两边同除以人口数量(C)，得

$$\frac{P}{C} = \frac{G}{C} \times T \tag{7-23}$$

式(7-23)是人均铝产量的简明计算式。它表明，人均铝产量等于人均 GDP 和 T 的乘积。

归纳起来，式(7-19)和式(7-23)给人最深刻的印象是：G、T 两者无处不在，而且这两个数值的乘积就等于铝产量。

得出的结论是：G 和 T 的乘积，必须成为人们关注的焦点，因为它不仅等于铝产量，而且对铝行业的能耗、物耗、排放量都有重要影响(详见附录十三)。

此外，还要说明：多比值计算式和简明计算式都很重要，两者是相通的、相辅相成的，各有各的用处。前者全面、详尽地指明了宏观调控工作应该从哪些方面入手。而后者提纲挈领地说明了宏观调控工作必须关注的焦点。

7.2.4　两点说明

(1) 前面已经说过，多比值计算式中的每一个比值都对 E、M、W 等值有影响。现在要强调的是：这些比值的乘积，才是影响 E、M、W 等值综合的、最终的因子。即使每一个比值的变化都不大，它们的乘积仍会有较大的变化。例如，式 (7-12) 中有 5 个比值，其中每个比值只升高 1%，它们的乘积就会升高 5.1%。因此，在宏观调控工作中，既要关注每个比值，又要关注它们的乘积。

(2) 前述各个多比值计算式和各个简明计算式都是静态的计算式，而经济运行过程是动态的，式中的各个比值和变量每年都在变化。因此，在实际工作中，这是必须考虑的问题。这方面具体的说明可参见第 5 章和第 8 章关于水泥和铝行业的情况分析。

第8章　回顾铝行业的过去

本章将分别对铝行业内部和外部两个方面进行回顾。

就行业本身而言，进入21世纪以来，我国铝行业发生了突破性的变化，新技术、新装备的集约化生产不断取代落后、分散的小生产方式，随着国民经济建设快速发展，铝产能及产量迅速增加，产业集中度不断提高，铝行业生产工艺不断成熟、技术创新速度加快，铝行业的方方面面都发生了深刻变化。不争的事实是：我国的铝行业跨上了一个很大的台阶，为我国经济社会的发展做出了巨大贡献。

8.1　行 业 内 部

8.1.1　E/P下降

随着我国有色金属行业工艺流程的改善和技术水平的不断提高，自2000年以来，我国有色金属行业的吨有色金属能耗呈逐年下降趋势，到2015年，吨有色金属平均能耗达4.10吨标煤/吨,吨电解铝综合交流电耗为13562千瓦时/吨(图8-1)，然而，有色金属工业总能耗却从2000年的4556万吨标煤上升到2015年的20869万吨标煤，且仍处于快速增长的势头。同时，有色金属工业能耗占全国能耗比例达4.85%，这在很大程度上归咎于我国有色金属产量的快速增长。

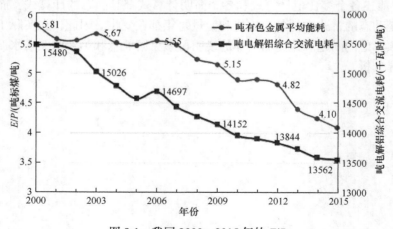

图 8-1　我国 2000～2015 年的 E/P

8.1.2　*M/P*

在铝产品制造过程中，从铝冶炼工艺角度分为"长流程"(原生铝生产系统)和"短流程"(再生铝生产系统)。长流程一般指以铝土矿为原料生产原生铝的过程，主要有 5 个部分：铝土矿开采、氧化铝冶炼、阳极制造、原生铝电解及原生铝铸锭；短流程指以废铝为原料重熔生产各种铝铸件、铝锭或铝坯的过程。

铝土矿为不可再生资源并且在生产中带来高能耗、高污染，而废铝为可循环利用的再生资源。与使用铝土矿相比，用废铝生产再生铝可节约能源 95%，同时可节水 10 吨/吨，少用固体材料 11 吨/吨，少排放 CO_2 0.8 吨/吨、SO_2 0.6 吨/吨。不难看出，使用废铝对我国铝行业实现节能减排的促进作用明显。

从图 8-2 可看出，在 2000~2015 年，我国铝行业吨铝铝土矿消耗量基本维持波动的状态，没有明显的变化规律，2006 年以来一直维持在高位运行。这主要是由于铝产量的快速增长，废铝资源不足，铝生产更多地依赖铝土矿等天然资源(详见 8.2.6 节)。

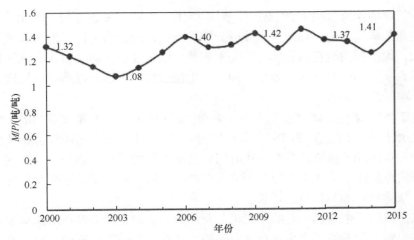

图 8-2　我国 2000~2015 年的 *M/P*(吨铝铝土矿消耗量)

8.1.3　*W/P* 下降

我国有色金属行业污染物排放种类很多，本节主要介绍有色金属行业 SO_2 排放量。有色金属行业吨有色金属 SO_2 排放量 2000~2015 年不断下降(图 8-3)，但其总的 SO_2 排放量和在全国 SO_2 排放量中的比例都仍呈上升趋势。

分析其原因，与我国有色金属行业能耗特点基本相似，即有色金属工业的生产工艺及脱硫技术等都有了一定的提升，但巨大的有色金属产量基数使我国有色金属行业的 SO_2 排放总量和在全国 SO_2 排放量中的比例仍处于较高状态。

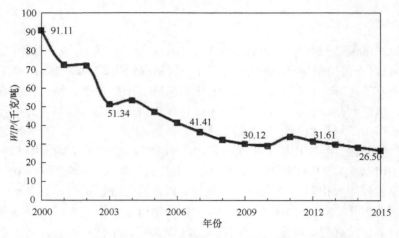

图 8-3　我国 2000～2015 年的 W/P(吨有色金属 SO_2 排放量)

8.1.4　W/W' 过大

铝行业的排放量(W)与废物产生量(W')之比，是铝行业内部的一个比值，主要反映企业脱硫、脱硝、除尘、固体废弃物等末端治理措施和技术的实施效果。比值过大，说明相关治理措施的实施仍不到位。因为在行业协会报告和统计资料中难以找到我国铝行业 SO_2、粉尘、NO_x 产生量数据，所以难以准确评估这些废物的排放率情况。

对于 SO_2 排放，研究发现，由于末端治理的作用，SO_2 排放量的增长率低于 GDP 的增长率。但由于我国在"十五""十一五""十二五"国民经济和社会发展规划中均提出 SO_2 排放总量在五年时间内削减10%的目标;实际上对铝行业来说，SO_2 排放总量还是不断上升的，未能实现减排;所以还需要其他行业实现更多的减排，来弥补其 SO_2 排放的增长。

虽然我国有色金属工业的生产工艺及脱硫、脱硝、除尘等技术都有了一定的提升，但距离世界先进水平还有一定差距，还存在管理工作不到位导致的环保设备运行不正常等问题。这些都可能是促使 W/W' 增大的原因，也是我国铝行业 CO_2 排放较高的原因之一。

8.2　行　业　外　部

8.2.1　G/G' 过大

具体请参见 5.2.1 节。

G/G' 过大，是铝产量过高，铝行业能耗、物耗、排放量都过大的重要原因之一。

8.2.2　Z/G过大

具体请参见 5.2.2 节。

投资率过高的问题，不仅是铝产量过高的重要原因之一，也是我国社会经济系统宏观调控中必须解决的一个大问题。要降低固定资产投资增速对 GDP 的拉动作用，提高消费和出口等对于 GDP 的拉动作用，这也是经济转型的关键。

8.2.3　P/G过大

本节对我国单位 GDP 铝产量指标进行回顾。分析和衡量铝行业的持续发展，甚至某一区域的经济健康发展，单位 GDP 铝产量都是一个重要的评价指标，原因在于：①在 GDP(G)为常数的条件下，铝产量(P)与单位 GDP 铝产量(T)成正比。②在 GDP 以及吨铝能耗、物耗和污染物排放量等值均为常数的条件下，铝行业的能耗、物耗、污染物排放量与单位 GDP 铝产量成正比。③一个国家或地区的单位 GDP 铝产量越大，在全国或地区的能耗、物耗和排放量中，铝行业所占的比重越大。基于式(7-22)，对我国单位 GDP 铝产量，即 T 值进行分析，如图 8-4 所示。

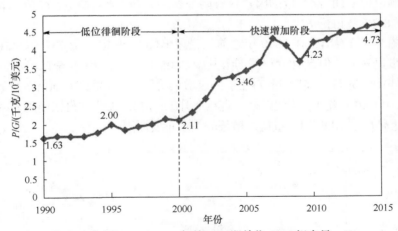

图 8-4　我国 1990～2015 年的 P/G(即单位 GDP 铝产量，T)

图中所涉及的 GDP 为 2005 年美元价格

从图 8-4 中可知，我国单位 GDP 铝产量在 1990～2015 年可大致分为两个阶段。

第一阶段(1990～2000 年)：经济发展速度与铝产量增长速度互有高低，显示出 T 值总体上处于长期低位波动阶段。

第二阶段(2000～2015 年)：进入 21 世纪以后，我国出现了铝产量增长过快的问题，铝产量增长速度远大于经济增长速度。其中，2000～2007 年，铝产量年均增长率高达 22.80%，比 GDP 年均增长率高出十个百分点以上。其结果是，在 GDP

翻一番的同时，铝产量由 298.92 万吨增加到 1258.83 万吨，翻了两番多。因此，T 值从 2000 年的 2.11 千克/10^3 美元增长到 2007 年的 4.34 千克/10^3 美元，增长了 105.55%。这是一种非常不正常的情况。受 2008 年全球经济危机的影响，2008～2009 年铝产量没有增加多少，但 2010 年之后我国铝产量增长速度明显增加，2015 年 T 值也相应增加到 4.73 千克/10^3 美元。

8.2.4　S/G 过大

S/G 是在役铝量与 GDP 之比，其倒数 G/S 即表示单位在役铝量所产生的 GDP：

$$\frac{S}{G} = \frac{在役铝量}{GDP} \tag{8-1}$$

S/G 受该区域的产业结构、产品结构、科技水平等的影响，并且在其他条件一定时，当 S/G 降低时，需要较少的在役铝量即可满足经济发展要求，反之亦然。

$$\frac{P}{G} = \frac{S}{G} \times \frac{P}{S} \tag{8-2}$$

式中，P/S 是铝产量与在役铝量之比，它是影响单位 GDP 铝产量的铝产量因子；S/G 是影响单位 GDP 铝产量的 GDP 因子。

影响单位 GDP 铝产量的因素只有两个，一是 P/S 值，二是 S/G 值。本节先讨论 S/G，8.2.5 节讨论 P/S。

从图 8-4 可看出，在 2000 年之前，我国单位 GDP 铝产量(T)总体是在低位徘徊中逐步提升的，但是 2000 年以后(其中 2008 年、2009 年受全球经济危机影响有所例外)，单位 GDP 铝产量(T)处于快速增长阶段。影响单位 GDP 铝产量的 GDP 因子(S/G)自 20 世纪 90 年代以来一直在上升(图 8-5)，表明在役铝使用效率持续降低，这也是单位 GDP 铝产量持续增长的一个重要原因。

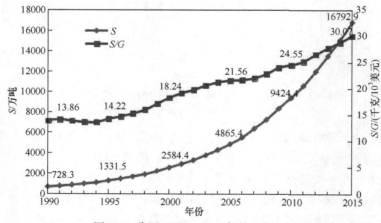

图 8-5　我国 1990～2015 年的 S 和 S/G

图中所涉及的 GDP 为 2005 年美元价格

必须指出，S/G 是宏观经济方面的一个指标。它的大小取决于产业结构、产品结构、技术水平、管理水平等。由此，我国 S/G 在 20 世纪 90 年代以来逐步上升。一是由于在役铝量大幅增加；二是产业结构、产品结构等不尽完善，导致单位铝制品的经济附加值相对较低。今后降低我国 S/G 的途径是调整产业、产品结构，提高技术和管理水平等。

8.2.5　P/S 过大

P/S 是铝产量与在役铝量之比，它是影响单位 GDP 铝产量的铝产量因子。

影响单位 GDP 铝产量的因素只有两个，一是 P/S，二是 S/G。8.2.4 节讨论了 S/G，本节讨论 P/S。

前面已经谈到，在 2000 年之前，我国单位 GDP 铝产量(T)总体是在低位徘徊中逐步提升的，但是 2000 年以后(其中 2008 年、2009 年受全球经济危机影响有所例外)，单位 GDP 铝产量(T)处于快速增长阶段。影响其值的铝产量因子(P/S)在 2007 年之前也在逐步增加，2007 年之后有所降低但还是处于高位(图 8-6)，在一定程度上说明，我国铝产量增加的速度一直是较快的。

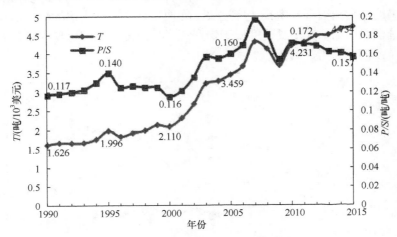

图 8-6　我国 1990~2015 年的 T 和 P/S
图中所涉及的 GDP 为 2005 年美元价格

含铝物质的进出口对 P/S 具有重要影响。进口的铝坯、铝材和铝制品，是国内在役铝的组成部分。而出口铝则不同，它只对国内铝产量、环境、资源有影响，而与在役铝量无关。因此，出口铝量的逐年增加，只会加大铝生产的增速，而对在役铝量并无补益。

我国 2000 年未锻轧铝及铝材净进口量为 65.8 万吨，而 2014 年未锻轧铝及铝材净出口量已经达到 348.3 万吨。

8.2.6　P_1/P过大(即 P_2/P过小)

铝产量增长过快，废铝资源产生量严重不足，废铝回收体系也不完备，导致当前我国再生铝指数远低于世界先进国家水平。

将下列比值定义为一个国家的再生铝指数：

$$再生铝指数（P_2/P）=\frac{统计期内某区域再生铝产量}{统计期内该区域的铝产量} \tag{8-3}$$

其中由进口废铝资源生产出的再生铝资源依赖于进口，是不稳定的。这里给出自产再生铝指数 S_z，衡量铝工业由自产废铝资源生产的再生铝。

$$自产再生铝指数 S_z=\frac{统计期内某区域自产废铝再生铝产量}{统计期内该区域的铝产量} \tag{8-4}$$

S_z 值越大，铝工业的自产废铝资源越充足；S_z 值越小，铝工业的自产废铝资源越不充足。

从图 8-7 可知，2000 年我国再生铝指数和自产再生铝指数分别为 0.378 和 0.239，2015 年仅分别为 0.184 和 0.135。那么，我国再生(自产再生)铝指数较低的原因，仍然是我国铝产量增长速度过快，即便是自产再生废铝的产量以及进口废铝的数量也在增加，其增长速度低于铝产量增长速度，也将出现废铝资源不足的状况，导致再生铝指数偏低。

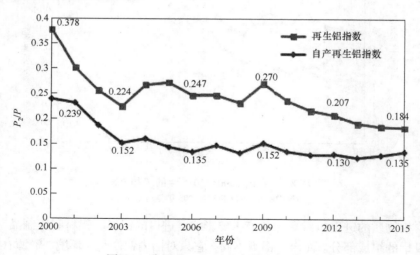

图 8-7　我国 2000～2015 年的 P_2/P 和 S_z

今后，欲发挥再生铝对我国铝行业节能减排的促进作用，就必须从提高再生铝指数入手，但一段时间内我国自产废铝资源仍是不足的，因此提高 P_2/P 的直接措施仍是控制我国铝产量的快速增长，增加废铝资源进口量等。

8.3　小　结

　　回顾铝行业的过去，我国铝行业的能耗、物耗、排放量均出现显著增长，究其原因，除废物排放率(W/W')之外，行业内部的吨铝能耗(E/P)、吨铝排放量(W/P)等比值均出现下降，技术进步明显，所以其主要影响因素来自行业外部，即 G/G'、Z/G、P/G、S/G、P/S 和 P_1/P 这 6 个比值过大，今后宏观调控的重点应该放在这 6 个因素上。

第9章　铝行业的展望

9.1　铝产量的走向

> **专栏 2　峰值与峰值期规律**
>
> 　　20 世纪 70 年代初期，英国、美国、日本、德国等发达国家的钢铁产量都先后达到历史最高值。在峰值附近，这些国家的工业化基本完成，导致钢铁产量、消费量达到饱和而不再增长，铝消费也有类似规律。通过研究发达国家的铝工业发展历程可知，美国、英国的铝产量、消费量都有峰值，且铝产量与粗钢产量的变化规律几乎一致，但铝产量的峰值要滞后于粗钢产量峰值。美国、英国的铝产量在 1980 年同时到达峰值，分别比本国粗钢产量峰值期晚 7 年和 10 年。

　　基于专栏 2，鉴于我国粗钢产量的变化及铝产量的历史数据，预计 2025 年左右我国铝产量将达到峰值。

　　2000～2015 年，我国的实际情况是：铝产量的增速高于 GDP 增速，年均增长 15.64%。本章的设想是：通过高效的宏观调控，2025 年前使铝产量处于缓慢增长期(情景②)。然后，2025 年之后铝产量进入下降期。图 9-1 是以上想法的示意图。

　　图 9-1 中，2000～2015 年的数据是实际铝产量的变化，虚线段是 2016～2030 年间设想中的铝产量走向。铝轻质、易加工、耐腐、易再生等特性，决定了未来我国铝的消费还将保持一段时间的增长。其中，情景①是 2015～2025 年铝产量仍保持高速增长，然后 2026 年开始再缓慢下降，即铝产量在 2015～2025 年期间仍是惯性增长阶段；情景②则是铝产量在 2015～2025 年间增速放缓，然后 2026 年开始再缓慢下降，这是加强宏观调控的情况，也是本研究期待的情景。根据相关报道，在 2016 年我国铝产量增速已经有所放缓。必须强调，这一段时间内的实际情况会是什么样，则完全取决于这段时间内宏观调控的力度、深度和广度。

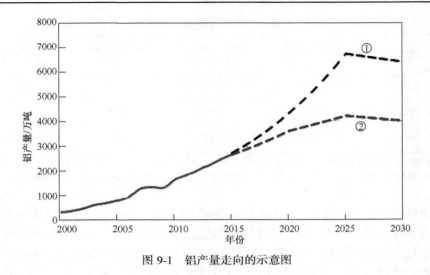

图 9-1　铝产量走向的示意图

9.2　铝行业能耗、物耗、排放量的走向

1. 基本认识

先强调一下前几章已阐明的几个基本概念。

在铝行业的吨铝能耗(e)、吨铝物耗(m)、吨铝排放量(w)三者都保持不变的情况下，铝行业的能耗(E)、物耗(M)、排放量(W)都与铝产量(P)成正比。

要加强环保意识，大幅度降低废物排放率(W/W')。经过一段时间的努力，随着碳捕集、利用和封存技术在铝行业的逐步应用，这个比值应得到一定程度的降低。

2. 关于我国铝行业 E、M、W 的走向

基于以上几个基本概念，得出的看法是：如果 2016～2030 年我国铝产量走向如图 9-1 中情景②所示，那么我国铝行业的 E、M、W 三者都会比铝产量稍微提前一点进入下降期，而且下降速度也会比铝产量快些。这对于我国铝行业的节能、降耗工作具有重要意义。

此外，如果能大幅度降低排放率(W/W')，那么铝行业的排放量(W)会比能耗(E)、物耗(M)下降得更快些。

中国、美国、日本三国 2000 年铝工业的相关重要指标见表 9-1。由表可见，我国 2000 年人均铝的消费量、人均在役铝量、单位在役铝量产生的 GDP 等指标与美国、日本相比还有较大差距，同时铝的消费强度远远高于美国、日本。

表 9-1 中国、美国、日本三国 2000 年铝工业相关指标对比

国别	人均铝消费量/ (千克/人)	铝消费强度/ (千克/万美元)	人均在役铝量/ (千克/人)	GDP/在役铝量/ (万美元/吨)
美国	21.44	4.62	483[①]	9.61
日本	17.54	4.86	343[①]	10.51
中国	5.44	31.54	20[②]	4.64

数据来源：①Metal stocks in society-scientific synthesis 2010；②Metal stocks in society-scientific synthesis 中未给出我国 2000 年人均在役铝量，只给出 2005 年数值为 37 千克/人，与本章所得结果 37.2 千克/人吻合。

按照图 9-1 中情景②，2030 年时我国人均在役铝量(表 9-2)将达到发达国家 2000 年左右的水平，而美国、日本等发达国家分别在 20 世纪 50 年代、80 年代完成工业化，因此，我国人均在役铝量在 2030 年左右达到这个数值是比较符合实际情况的；2030 年后，我国铝工业重要工作是提高铝的使用效率、降低原铝消费强度、提高单位在役铝量所产生的 GDP。

表 9-2 情景②下中国铝工业相关指标分析

年份	人均铝消费量/ (千克/人)	铝消费强度/ (千克/万美元)	人均在役铝量/ (千克/人)	GDP/在役铝量/ (万美元/吨)
2015	19.16	46.89	123	3.32
2020	25.50	45.59	198	2.83
2025	29.13	38.95	279	2.68
2030	27.03	27.68	343	2.85

9.3 宏观调控的内容

1. 控制 GDP 增长速度和投资增长速度

在过去的 20 多年时间里，根据国民经济和社会发展规划，我国规划的 GDP 年增长速度约为 7.2%，但是实际的 GDP 年均增速达到 10%左右，带来的结果就是 G/G' 比值过大，这是造成铝行业的能耗、物耗及污染物排放高的原因之一。我国投资的快速增加对于促进 GDP 的快速增长起到重要作用，投资占 GDP 的比例 (Z/G) 在 1990 年时为 25.3%，2015 年已经增加到 80.5%。

发展中国家投资的快速增加，大多要依赖大量基础原材料(如钢铁、水泥、铝等)，在生产它们的过程中会消耗大量的资源和能源，排放大量的污染物；同时，这些投资还有可能会进一步增加这些相关行业的产能，这将造成雪上加霜的后果。需改变这种靠投资拉动 GDP 增长的局面，就要使投资增长率回归正常的区间范围。

2. 将单位 GDP 铝产量作为一个重要的监控指标

在其他数值一定的情况下，T(单位 GDP 铝产量)越大，E(铝行业的能耗)、M(铝行业的物耗)、W(铝行业的排放量)也越大。我国 2000 年以来 T 有了很大程度的增加，这一数值应作为一个重要指标加以监控，防止它的进一步增加，因为这一指标与我国单位 GDP 能耗(温室气体排放)指标以及污染物减排目标的完成有非常直接的关系。

另外，建议构筑专业的建筑寿命评估系统，成立专门的组织机构，监管房屋及基础设施的拆迁及房屋和建筑的质量问题等，进而避免拆迁现象的过度发生。据统计，我国近些年来有 30% 以上的铝消费在建筑领域，建筑寿命过短(我国建筑寿命平均只有 25～30 年)，导致对基础材料的大量需求，而美国建筑平均寿命达到 74 年，英国更是达到 132 年。通常来说，制品的平均使用寿命越长，越容易获得较低的 P/S，进而有利于实现 E、M、W 的降低。

另外，低附加值铝产品(未锻轧铝、铝材等)的出口占铝产量的比例过高也是突出的一个问题，应降到合适的比例，这对于降低 T 以及 E、M、W 也会起到不小的作用。

3. 提高铝资源的使用效率，降低 S/G

我国 S/G 过高，并仍在增长过程中。一些现象，如空置房、过剩产能、经济结构不合理、社会经济效益低下等是铝资源使用效率低下和 S/G 过高的重要原因。应尽可能避免或改善这些现象，进而控制 S/G 的进一步快速增加，这对于降低 E、M、W 是有利的。

4. 做好废铝的回收再生工作，尽可能提高 P_2/P

我国未来可供回收的废铝量将会越来越多，应加强对废铝的回收工作(包括废铝的进口)，提高 P_2/P，这对于降低 E、M、W 是有利的。

5. 建立铝生产资源和能源管理中心，强化企业末端治理

采取各种途径，如通过成立企业铝生产资源和能源管理中心及强化末端治理等手段，进一步降低 e、m 和 w。

此外，当前我国电解铝产业呈现产业组织结构不合理，产业集中度不高，企业小而分散。因此，在淘汰落后产能的同时，整合资源，从而推进企业的兼并重

组，是化解产能过剩的有效手段；国际上铝用于工业型材和建筑型材的使用比例是 7∶3，国内正好相反，国产大飞机等航空航天领域对铝材的需求潜力巨大。因此，电解铝行业需加快向下游延伸，延伸到高精尖、高附加值的深加工领域，包括高铁、飞机用得比较多的精深加工领域，提高产品附加值，推动产业升级。

结　语

(1) 本篇在钢铁行业宏观调控研究的基础上，提出了水泥和铝行业宏观调控的网络图及计算式，基本上形成了一套自成体系的理论和方法。从初步试用的情况看，这套理论和方法较为实用，用起来也很方便，可作为我国水泥和铝行业宏观调控的重要参考。

(2) 本篇属于咨询性质，所以更希望得到决策层有关领导的关注。

(3) 本篇涉及的学科领域较多，而课题组的知识面有限，所以希望有关各学科的专家、学者不吝赐教、批评指正。

参 考 文 献

郭爽，彭科峰.2015-03-24. 控制水泥行业煤炭消费重在技术节能[N]. 中国科学报，(8 版).

国家统计局. 1991—2015. 中国统计年鉴[M].北京：中国统计出版社.

江东亮，袁渭康，钱峰，等. 2016. 我国高耗能工业高温人工设备——节能科技发展战略研究[M].
    北京：科学出版社.

陆钟武. 2008. 穿越"环境高山"——工业生态学研究[M]. 北京：科学出版社.

陆钟武. 2009. 工业生态学基础[M]. 北京：科学出版社.

陆钟武，岳强. 2010. 钢产量增长机制的解析及 2000—2007 年我国钢产量增长过快原因的探索
    [J].中国工程科学，12(6)：4-11，17.

陆钟武，岳强，高成康. 2013. 论单位生产总值钢产量及钢产量、钢铁行业的能耗、物耗和排放 [J].
    中国工程科学，15(4)：23-29.

陆钟武，蔡九菊，杜涛，等. 2015. 论钢铁行业能耗、物耗、排放的宏观调控[J]. 中国工程科学，
    17(5)：126-132.

齐鲁晚报. 2017-01-10. 水泥行业的现状及后市展望[N]. 齐鲁晚报，(12 版).

乔龙德. 2015-04-14. 目前水泥行业的形势与我们的对策[EB/OL]. 中国水泥网. http：//www.ccement.
    com/news/content/7902367231880.html.

世界银行. 2016-05-16. GDP (constant 2005 US$)[EB/OL]. http：//data.worldbank.org/indicator/
    NY.GDP. MKTP.KD.

宋志平. 2016-12-14. 关于水泥行业去产能[EB/OL]. 中国水泥网. http：//www.ccement.com/news/
    content/ 8648333235549.html.

搜狐财经. 2015-06-14. 拆了建，建了拆，中国建筑怎么了？[EB/OL]. http：//business.sohu.com/
    s2014/picture-talk-139/index.shtml.

许国栋，敖宏，余元冠. 2013. 我国原铝消费规律研究及消费量预测[J]. 中国管理信息化，16(11)：
    31-36.

中国工程院 2014 年咨询项目研究报告. 2015. 钢产量及钢铁行业节能、降耗、减排的战略研究
    [R]. 北京：中国工程院.

中国水泥协会. 2015. 水泥行业煤炭消费总量控制方案及政策研究[R]. 北京：中国水泥协会.

中国有色金属工业年鉴编委会. 1991～2015. 中国有色金属工业年鉴 1991—2015[M]. 北京：中
    国印刷总公司.

住建部. 2015-04-06. 中国建筑平均寿命仅 30 年　年产数亿垃圾[EB/OL]. http：//news.xinhuanet.
    com/society/ 2010-04/06/c_1218373.htm.

International Aluminium Institute. 2015-02-20. Global Data for 1973 to 2014：1014127 thousand
    metric tonnes of aluminum[EB/OL]. http://www.world-aluminium.org/statistics/#data.

International Panel for Sustainable Resource Management. 2010. Metal stocks in society-scientific
    synthesis[R]. Geneva: United Nations Environment Programme.

U.S. Geological Survey. 2015-01-16. The mineral industry of China[EB/OL]. http：//minerals.usgs.gov/
    minerals/pubs/country/Asia. html#ch.

附录九　资源消耗量与废物排放量方程

F9.1　资源消耗量方程

F9.1.1　资源消耗量基本方程

1. IPAT 方程

资源消耗量的基本方程如下：

$$资源消耗量=人口×人均\ GDP×单位\ GDP\ 的资源消耗量 \qquad (F9\text{-}1)$$

或

$$I=P\times A\times T\ 量^{①} \qquad (F9\text{-}2)$$

其中，I 为资源消耗量，吨/年；P 为人口数量[②]，人；A 为人均 GDP，万元/人；T 为单位 GDP 的资源消耗量，吨/万元。

式(F9-2)中，每个变量都有很明确的定义；它是一个严格的数学公式，可以用来进行定量计算。

2. IGT 方程

因为人口×人均 GDP=实际完成的 GDP(以 GDP 表示)，所以式(F9-2)也可以表达为

$$资源消耗量=GDP×单位\ GDP\ 的资源消耗量 \qquad (F9\text{-}3)$$

或

$$I=G\times T \qquad (F9\text{-}4)$$

式中，G 为 GDP，万元/年。

式(F9-4)也是计算资源消耗量或基础原材料消耗量、产量等的基本方程。

以钢产量为例，式(F9-4)可以表达为

---

① 陆钟武. 经济增长与环境负荷之间的定量关系. 环境保护，2007，(4A): 13-28.
　陆钟武. 工业生态学基础. 北京：科学出版社，2010: 38-52.
② 在附录中的 P 特指人口数量，本书其他章节的 P 特指水泥（铝）的产量。

$$钢产量 = GDP \times \frac{钢产量}{GDP}$$

F9.1.2　资源消耗量基本方程的推演

1. IPAT 方程的推演

根据方程(F9-2)，基准年的资源消耗量为

$$I_0 = P_0 \times A_0 \times T_0 \tag{F9-2a}$$

式中，I_0 为基准年的资源消耗量，吨/年；P_0 为基准年的人口数量，人；A_0 为基准年的人均 GDP，万元/人；T_0 为基准年单位 GDP 的资源消耗量，吨/万元。

基准年以后第 n 年的资源消耗量为

$$I_n = P_n \times A_n \times T_n \tag{F9-2b}$$

式中，I_n 为基准年以后第 n 年的资源消耗量，吨/年；P_n 为基准年以后第 n 年的人口数量，人；A_n 为基准年以后第 n 年的人均 GDP，万元/人；T_n 为基准年以后第 n 年的单位 GDP 的资源消耗量，吨/万元。

$$P_n = P_0(1+p)^n$$

式中，p 为基准年到第 n 年人口的年增长率。

$$A_n = A_0(1+a)^n$$

式中，a 为基准年到第 n 年人均 GDP 的年增长率。

$$T_n = T_0(1-t)^n$$

式中，t 为基准年到第 n 年单位 GDP 资源消耗量的年下降率。

把以上三式代入方程(F9-2b)，于是方程(F9-2b)转换为

$$I_n = P_0 \times A_0 \times T_0 \times (1+p)^n \times (1+a)^n \times (1-t)^n \tag{F9-5}$$

或

$$I_n = I_0 \times (1+p)^n \times (1+a)^n \times (1-t)^n \tag{F9-5'}$$

式(F9-5)或式(F9-5′)由式(F9-2)得来。如果已知 P_0、A_0、T_0 (或 I_0)和 p、a、t，那么基准年以后第 n 年的资源消耗量 I_n 可由式(F9-5)或式(F9-5′)来计算。

2. IGT 方程的推演

根据式(F9-4)，基准年的资源消耗量为

$$I_0 = G_0 \times T_0 \tag{F9-4a}$$

式中，I_0 为基准年的资源消耗量，吨/年；G_0 为基准年的 GDP，万元；T_0 为基准

年单位 GDP 的资源消耗量，吨/万元。

基准年以后第 n 年的资源消耗量为

$$I_n = G_n \times T_n \tag{F9-4b}$$

式中，I_n 为基准年以后第 n 年的资源消耗量，吨/年；G_n 为基准年以后第 n 年的 GDP，万元；T_n 为基准年以后第 n 年单位 GDP 的资源消耗量，吨/万元。

$$G_n = G_0(1+g)^n$$

式中，g 为基准年到第 n 年 GDP 的年增长率。

$$T_n = T_0(1-t)^n$$

式中，t 为基准年到第 n 年单位 GDP 资源消耗量的年下降率。

把以上两式代入式(F9-4b)，于是式(F9-4b)转换为

$$I_n = G_0 \times T_0 \times (1+g)^n \times (1-t)^n \tag{F9-6}$$

或

$$I_n = I_0 \times (1+g)^n \times (1-t)^n \tag{F9-6'}$$

式(F9-6)或式(F9-6′)由式(F9-4)得来。如果已知 G_0、T_0(或 I_0)和 g、t，那么基准年以后第 n 年的资源消耗量 I_n 可由式(F9-6)或式(F9-6′)来计算。

F9.1.3　单位 GDP 资源消耗量年下降率的临界值

由式(F9-6′)可导出单位 GDP 资源消耗量年下降率(t)的临界值(t_k)。将式(F9-6′)写成如下形式：

$$I_n = I_0 \times [(1+g)(1-t)]^n \tag{F9-7}$$

由式(F9-7)可见，在 GDP 增长过程中，资源消耗量的变化可能出现逐年上升、保持不变，以及逐步下降三种情况。其条件分别如下。

(1) 资源消耗量 I_n 逐年上升：

$$(1+g)(1-t) > 1 \tag{F9-8a}$$

(2) 资源消耗量 I_n 保持不变：

$$(1+g)(1-t) = 1 \tag{F9-8b}$$

(3) 资源消耗量 I_n 逐年下降：

$$(1+g)(1-t) < 1 \tag{F9-8c}$$

式(F9-8b)是在经济增长过程中，资源消耗量保持原值不变的临界条件。从中可求得 t 的临界值 t_k：

$$t_k = 1 - \frac{1}{1+g} = \frac{g}{1+g} \tag{F9-9}$$

式中，t_k 为单位 GDP 资源消耗量年下降率的临界值。

因此，以 t_k 为判据，资源消耗量在经济增长过程中的变化有以下三种可能：若 $t < t_k$，则资源消耗量逐年上升；若 $t = t_k$，则资源消耗量保持原值不变；若 $t > t_k$，则资源消耗量逐年下降。

由此可见，式(F9-9)虽然很简单，但对于建设资源节约型、环境友好型社会，具有十分重要的意义。

由式(F9-9)可见，t_k 值略小于 g 值，即 g 值越大，t_k 值就越大。也就是说，GDP 增长越快，越不容易实现在经济增长的同时，资源消耗量保持不变或逐年下降。目前我国的情况正是如此。这就是建设资源节约型、环境友好型社会的难点所在。

F9.2　废物排放量方程

F9.2.1　废物排放量基本方程

1. I_eGTX 方程

废物排放量的基本方程如下：

废物排放量=人口×人均 GDP×单位 GDP 的废物产生量×(废物排放量/废物产生量)

$$\tag{F9-10}$$

或

$$I_e = P \times A \times T \times X \tag{F9-11}$$

式中，I_e 为废物排放量，吨/年；P 为人口数量，人；A 为人均 GDP，万元/人；T 为单位 GDP 的废物产生量，吨/万元；X 为废物排放率，即废物排放量/废物产生量，$0 < X \leqslant 1$。

式(F9-11)中，每个变量都有很明确的定义，它是一个严格的数学公式，可以用来定量计算。

因为人口×人均 GDP=GDP，所以式(F9-11)可以表达为

废物排放量=GDP×单位 GDP 的废物产生量×(废物排放量/废物产生量)

$$\tag{F9-12}$$

或

$$I_e = G \times T \times X \tag{F9-13}$$

式中，G 为 GDP，万元。

以水泥行业的 SO_2 排放为例,式(F9-13)可以表达为

$$水泥行业的SO_2排放量 = GDP \times \frac{水泥产量}{GDP} \times \frac{水泥行业SO_2产生量}{水泥产量}$$
$$\times \frac{水泥行业SO_2排放量}{水泥行业SO_2产生量}$$

2. I_eGT_e 方程

因为单位 GDP 废物产生量×废物排放量/废物产生量=单位 GDP 废物排放量,所以式(F9-13)也可以表达为

$$废物排放量 = GDP \times 单位\ GDP\ 废物排放量 \tag{F9-14}$$

或

$$I_e = G \times T_e \tag{F9-15}$$

式中, T_e 为单位 GDP 的废物排放量,吨/万元。

式(F9-15)也是计算废物排放量的基本方程。

以水泥行业的 SO_2 排放为例,式(F9-15)可以表达为

$$水泥行业的SO_2排放量 = GDP \times \frac{水泥产量}{GDP} \times \frac{水泥行业SO_2排放量}{水泥产量}$$

F9.2.2 废物排放量基本方程的推演

1. I_eGTX 方程的推演

根据式(F9-13),基准年的废物排放量为

$$I_{e0} = G_0 \times T_0 \times X_0 \tag{F9-13a}$$

式中, I_{e0} 为基准年的废物排放量,吨/年; G_0 为基准年的 GDP,万元; T_0 为基准年单位 GDP 的废物产生量,吨/万元; X_0 为基准年的废物排放率。

基准年以后第 n 年的废物排放量为

$$I_{en} = G_n \times T_n \times X_n \tag{F9-13b}$$

式中, I_{en} 为基准年以后第 n 年的废物排放量,吨/年; G_n 为基准年以后第 n 年的 GDP,万元; T_n 为基准年以后第 n 年的单位 GDP 的废物产生量,吨/万元; X_n 为基准年以后第 n 年的废物排放率。

$$G_n = G_0(1+g)^n$$

式中, g 为基准年到第 n 年 GDP 的年增长率。

$$T_n = T_0(1-t)^n$$

式中，t 为基准年到第 n 年单位 GDP 废物产生量的年下降率。

$$X_n = X_0(1-x)^n$$

式中，x 为基准年到第 n 年废物排放率的年下降率。

把以上三式代入式(F9-13b)，式(F9-13b)转换为

$$I_{en} = G_0 \times T_0 \times X_0 \times (1+g)^n \times (1-t)^n \times (1-x)^n \qquad \text{(F9-16)}$$

或

$$I_{en} = I_{e0} \times (1+g)^n \times (1-t)^n \times (1-x)^n \qquad \text{(F9-16')}$$

式(F9-16)或式(F9-16′)由式(F9-13)得来。如果已知 G_0、T_0、X_0 (或 I_{e0})和 g、t、x，那么基准年以后第 n 年的废物排放量 I_{en} 可由式(F9-16)或式(F9-16′)来计算。

2. $I_e GT_e$ 方程的推演

根据式(F9-15)，基准年的废物排放量为

$$I_{e0} = G_0 \times T_{e0} \qquad \text{(F9-15a)}$$

式中，I_{e0} 为基准年的废物排放量，吨/年；G_0 为基准年的 GDP，万元；T_{e0} 为基准年单位 GDP 的废物排放量，吨/万元。

基准年以后第 n 年的废物排放量为

$$I_{en} = G_n \times T_{en} \qquad \text{(F9-15b)}$$

式中，I_{en} 为基准年以后第 n 年的废物排放量，吨/年；G_n 为基准年以后第 n 年的 GDP，万元；T_{en} 为基准年以后第 n 年的单位 GDP 的废物排放量，吨/万元。

$$G_n = G_0(1+g)^n$$

式中，g 为基准年到第 n 年 GDP 的年增长率。

$$T_{en} = T_{e0}(1-t_e)^n$$

式中，t_e 为基准年到第 n 年单位 GDP 废物排放量的年下降率。

把以上两式代入式(F9-15b)，于是式(F9-15b)转换为

$$I_{en} = G_0 \times T_{e0} \times (1+g)^n \times (1-t_e)^n \qquad \text{(F9-17)}$$

或

$$I_{en} = I_{e0} \times (1+g)^n \times (1-t_e)^n \qquad \text{(F9-17')}$$

式(F9-17)或式(F9-17′)由式(F9-15)得来。如果已知 G_0、T_{e0} (或 I_{e0})和 g、t_e，那么基准年以后第 n 年的废物排放量 I_{en} 可由式(F9-17)或式(F9-17′)来计算。

F9.2.3 废物排放率及单位 GDP 废物排放量年下降率的临界值

1. 废物排放率年下降率(x)的临界值

由式(F9-16′)可导出废物排放率年下降率(x)的临界值(x_k)。将式(F9-16′)写成如下形式:

$$I_{en} = I_{e0} \times [(1+g) \times (1-t) \times (1-x)]^n \tag{F9-18}$$

由式(F9-18)可见,I_{en} 与 I_{e0} 之间可能出现三种情况,其条件分别如下。

(1) 废物排放量 I_{en} 逐年上升:

$$(1+g)(1-t)(1-x) > 1 \tag{F9-19a}$$

(2) 废物排放量 I_{en} 保持不变:

$$(1+g)(1-t)(1-x) = 1 \tag{F9-19b}$$

(3) 废物排放量 I_{en} 逐年下降:

$$(1+g)(1-t)(1-x) < 1 \tag{F9-19c}$$

式(F9-19b)是废物保持原值不变的临界条件,从中可求得 x 的临界值 x_k:

$$x_k = 1 - \frac{1}{(1+g)(1-t)} \tag{F9-20}$$

式中,x_k 是废物排放率年下降率的临界值。

因此,以 x_k 为判据,在经济增长过程中废物排放量的变化有以下三种可能:若 $x<x_k$,则废物排放量逐年上升;若 $x=x_k$,则废物排放量保持不变;若 $x>x_k$,则废物排放量逐年下降。

2. 单位 GDP 废物排放量年下降率(t_e)的临界值

由式(F9-17′)可导出单位 GDP 废物排放量年下降率(t_e)的临界值(t_{ek})。将式(F9-17′)写成如下形式:

$$I_{en} = I_{e0} \times [(1+g) \times (1-t_e)]^n \tag{F9-21}$$

由式(F9-21)可见,在 GDP 增长过程中,废物排放量的变化可能出现逐年上升、保持不变,以及逐步下降三种情况。其条件分别如下。

(1) 废物排放量 I_{en} 逐年上升:

$$(1+g)(1-t_e) > 1 \tag{F9-22a}$$

(2) 废物排放量 I_{en} 保持不变:

$$(1+g)(1-t_e) = 1 \tag{F9-22b}$$

(3) 废物排放量 I_{en} 逐年下降:

$$(1+g)(1-t_e) < 1 \qquad\qquad (F9\text{-}22c)$$

式(F9-22b)是在经济增长过程中,废物排放量保持原值不变的临界条件。从中可求得 t_e 的临界值 t_{ek}:

$$t_{ek} = 1 - \frac{1}{(1+g)} = \frac{g}{1+g} \qquad\qquad (F9\text{-}23)$$

式中, t_{ek} 为单位 GDP 废物排放量年下降率的临界值。

因此,以 t_{ek} 为判据,废物排放量在经济增长过程中的变化,有以下三种可能:若 $t_e < t_{ek}$,则废物排放量逐年上升;若 $t_e = t_{ek}$,则废物排放量保持原值不变;若 $t_e > t_{ek}$,则废物排放量逐年下降。

由此可见,式(F9-22)和式(F9-23)虽然很简单,但对于环境治理,具有十分重要的意义。

附录十　经济增长过程中的水泥(铝)产量

F10.1　PGT 方程

一个国家或地区任何一年的水泥(铝)产量、GDP 和单位 GDP 水泥(铝)产量之间的关系都满足

$$水泥(铝)产量 = GDP \times 单位\,GDP\,水泥(铝)产量$$

或写作

$$P = G \times T \tag{F10-1}$$

式(F10-1)中，P 为水泥(铝)产量，吨/年；G 为 GDP，万元/年；T 为单位 GDP 水泥(铝)产量，吨/万元。式(F10-1)可称作 PGT 方程。

该方程虽然很简单，但是它在水泥(铝)产量和经济之间架起了一座桥梁。它是研究经济增长过程中水泥(铝)产量上升和下降问题的基本公式。

附专栏 1　我国 GDP 增长情况

我国 1990～2015 年 GDP 及 GDP 的增速情况如附图 10.1 所示。

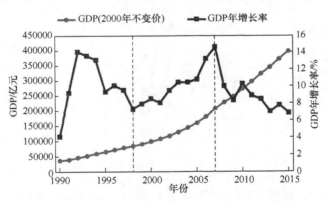

附图 10.1　我国 1990～2015 年 GDP 及其增速情况

由图可见,我国 2000～2007 年 GDP 持续高速增长(g 值也增大),2008 年由于受全球经济危机的影响,GDP 的增速有所放缓,2010 年有所回升,2011～2015 年 GDP 增速又有所下降。

附专栏 2　我国水泥(铝)产量增长情况

　　我国 1990～2015 年水泥产量及增速情况如附图 10.2 所示。

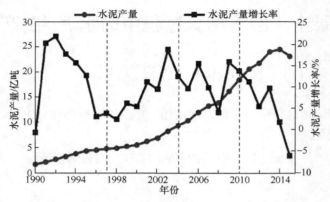

附图 10.2　我国 1990～2015 年水泥产量及其增速情况

　　由图可见,我国 2000～2007 年水泥产量持续高速增长,2008 年由于受全球经济危机的影响,水泥产量增速略有下降;2009 年迅速反弹,2010～2015 年水泥产量虽逐年上升但增速迅速下滑,在 2015 年出现了负增长。

　　我国 1990～2015 年铝产量及增速情况如附图 10.3 所示。

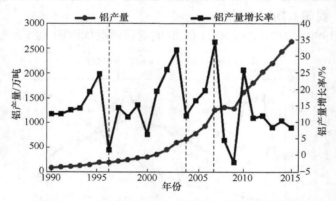

附图 10.3　我国 1990～2015 年铝产量及其增速情况

　　由图可见,我国 1990～2000 年铝产量总体上增长较为缓慢,在 2000 年以后开始高速增长,2008～2009 年由于受全球经济危机的影响,铝产量增速大幅下降,甚至出现负增长,2010 迅速反弹,2010～2015 年铝产量保持稳定增长,但增速逐步放缓。

附专栏3　我国单位 GDP 水泥(铝)产量情况

我国1990～2015年单位 GDP 水泥产量及其变化情况如附图10.4所示。

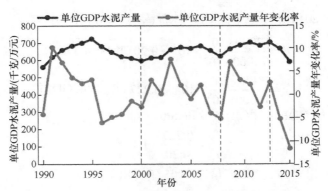

附图 10.4　我国 1990～2015 年单位 GDP 水泥产量及其变化情况

由图可见，我国 2000～2003 年单位 GDP 水泥产量一直在逐步上升，2008 年左右受全球经济危机的影响有所下降，其余年份一直持续在高位运行，均在 700 千克/万元左右，2013 年开始出现下降。

我国 1990～2015 年单位 GDP 铝产量及其变化情况如附图10.5所示。

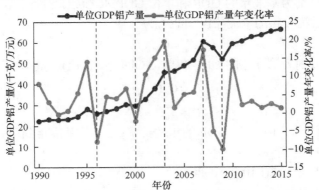

附图 10.5　我国 1990~2015 年单位 GDP 铝产量及其变化情况

由图可见，我国 1990～2007 年单位 GDP 铝产量总体上处于逐步上升阶段，其间在 1996 年、2000 年、2003 年出现过负增长，但程度较小。2008 年左右受全球经济危机的影响，单位 GDP 铝产量出现剧烈下降，2011 年起单位 GDP 铝产量开始逐年上升，但增速趋缓。

例 F10.1　已知某地 2005 年 GDP 为 10000×10^8 元，水泥(铝)产量为 2000×10^4 吨；2010 年 GDP 为 15000×10^8 元，水泥(铝)产量为 3400×10^4 吨。问在此期间单位 GDP 水泥(铝)产量有多大变化？

解　由式(F10-1)可知，单位 GDP 水泥(铝)产量 T 为

$$T = \frac{P}{G}$$

计算 2005 年和 2010 年该地单位 GDP 水泥(铝)产量 T_1 和 T_2：

$$T_1 = \frac{2000 \times 10^4}{10000 \times 10^8} \times 10^4 = 0.20 \text{ (吨/万元 GDP)}$$

$$T_2 = \frac{3400 \times 10^4}{15000 \times 10^8} \times 10^4 = 0.227 \text{ (吨/万元 GDP)}$$

2010 年单位 GDP 水泥(铝)产量和 2005 年相比，有

$$\frac{T_2}{T_1} = \frac{0.227}{0.20} = 1.135$$

即 2010 年单位 GDP 水泥(铝)产量比 2005 年高出 13.5%。

F10.2　PGT 方程的推演

按 PGT 方程，基准年的水泥(铝)产量 P_0 为

$$P_0 = G_0 \times T_0 \tag{F10-2a}$$

式中，G_0、T_0 分别为基准年的 GDP 和单位 GDP 水泥(铝)产量。

基准年以后第 n 年的水泥(铝)产量 P_n 为

$$P_n = G_n \times T_n \tag{F10-2b}$$

式中，G_n、T_n 分别为第 n 年的 GDP 和单位 GDP 水泥(铝)产量。

$$G_n = G_0(1+g)^n$$

$$T_n = T_0(1-t)^n$$

式中，g 为从基准年到第 n 年 GDP 的年增长率；t 为从基准年到第 n 年单位 GDP 水泥(铝)产量的年下降率。

将以上两式代入式(F10-2b)，得

$$P_n = G_0 \times T_0 \times (1+g)^n \times (1-t)^n \tag{F10-3a}$$

或

$$P_n = P_0 \times (1+g)^n \times (1-t)^n \tag{F10-3b}$$

式(F10-3a)、式(F10-3b)是 PGT 方程的另一种形式。若已知基准年的 G_0、T_0(或 P_0)、g、t，即可按式(F10-3a)或式(F10-3b)计算第 n 年的水泥(铝)产量 P_n。

为了便于计算，在附表 10.1、附表 10.2 中分别列出 $(1+g)^n$ 及 $(1-t)^n$ 的计算值。这两张表的使用方法很简单。例如，若已知 $g=0.07$，$n=5$，则在附表 10.1 中查得 $(1+0.07)^5 = 1.403$。又如，若已知 $t=0.04$，则可在附表 10.2 中查得 $(1-0.04)^5 = 0.815$。

附表10.1　$(1+g)^n$的计算值

n	0.01	0.02	0.03	0.04	0.05	0.06	0.07	0.08	0.09	0.10	0.11	0.12	0.13	0.14	0.15	0.16	0.17	0.18	0.19	0.20
1	1.010	1.020	1.030	1.040	1.050	1.060	1.070	1.080	1.090	1.100	1.110	1.120	1.130	1.140	1.150	1.160	1.170	1.180	1.190	1.200
2	1.020	1.040	1.061	1.082	1.103	1.124	1.145	1.166	1.188	1.210	1.232	1.254	1.277	1.300	1.323	1.346	1.369	1.392	1.416	1.440
3	1.030	1.061	1.093	1.125	1.158	1.191	1.225	1.260	1.295	1.331	1.368	1.405	1.443	1.482	1.521	1.561	1.602	1.643	1.685	1.728
4	1.041	1.082	1.126	1.170	1.215	1.262	1.311	1.360	1.412	1.464	1.518	1.574	1.630	1.689	1.749	1.811	1.874	1.939	2.005	2.074
5	1.051	1.104	1.159	1.217	1.276	1.338	1.403	1.469	1.539	1.611	1.685	1.762	1.842	1.925	2.011	2.100	2.192	2.288	2.386	2.488
6	1.062	1.126	1.194	1.265	1.340	1.419	1.501	1.587	1.677	1.772	1.870	1.974	2.082	2.195	2.313	2.436	2.565	2.700	2.840	2.986
7	1.072	1.149	1.230	1.316	1.407	1.504	1.606	1.714	1.828	1.949	2.076	2.211	2.353	2.502	2.660	2.826	3.001	3.185	3.380	3.583
8	1.083	1.172	1.267	1.369	1.477	1.594	1.718	1.851	1.993	2.144	2.305	2.476	2.658	2.853	3.059	3.278	3.511	3.759	4.021	4.300
9	1.094	1.195	1.305	1.423	1.551	1.689	1.838	1.999	2.172	2.358	2.558	2.773	3.004	3.252	3.518	3.803	4.108	4.435	4.785	5.160
10	1.105	1.219	1.344	1.480	1.629	1.791	1.967	2.159	2.367	2.594	2.839	3.106	3.395	3.707	4.046	4.411	4.807	5.234	5.695	6.192

附表10.2　$(1-t)^n$的计算值

n	0.01	0.02	0.03	0.04	0.05	0.06	0.07	0.08	0.09	0.10	0.11	0.12	0.13	0.14	0.15	0.16	0.17	0.18	0.19	0.20
1	0.990	0.980	0.970	0.960	0.950	0.940	0.930	0.920	0.910	0.900	0.890	0.880	0.870	0.860	0.850	0.840	0.830	0.820	0.810	0.800
2	0.980	0.960	0.941	0.922	0.903	0.884	0.865	0.846	0.828	0.810	0.792	0.774	0.757	0.740	0.723	0.706	0.689	0.672	0.656	0.640
3	0.970	0.941	0.913	0.885	0.857	0.831	0.804	0.779	0.754	0.729	0.705	0.681	0.659	0.636	0.614	0.593	0.572	0.551	0.531	0.512
4	0.961	0.922	0.885	0.849	0.815	0.781	0.748	0.716	0.686	0.656	0.627	0.600	0.573	0.547	0.522	0.498	0.475	0.452	0.430	0.410
5	0.951	0.904	0.859	0.815	0.774	0.734	0.696	0.659	0.624	0.590	0.558	0.528	0.498	0.470	0.444	0.418	0.394	0.371	0.349	0.328
6	0.941	0.886	0.833	0.783	0.735	0.690	0.647	0.606	0.568	0.531	0.497	0.464	0.434	0.405	0.377	0.351	0.327	0.304	0.282	0.262
7	0.932	0.868	0.808	0.751	0.698	0.648	0.602	0.558	0.517	0.478	0.442	0.409	0.377	0.348	0.321	0.295	0.271	0.249	0.229	0.210
8	0.923	0.851	0.784	0.721	0.663	0.610	0.560	0.513	0.470	0.430	0.394	0.360	0.328	0.299	0.272	0.248	0.225	0.204	0.185	0.168
9	0.914	0.834	0.760	0.693	0.630	0.573	0.520	0.472	0.428	0.387	0.350	0.316	0.286	0.257	0.232	0.208	0.187	0.168	0.150	0.134
10	0.904	0.817	0.737	0.665	0.599	0.539	0.484	0.434	0.389	0.349	0.312	0.279	0.248	0.221	0.197	0.175	0.155	0.137	0.122	0.107

附录十一 经济增长过程中的在役水泥(铝)量

F11.1 在役水泥(铝)量的定义式

在役水泥(铝)量是指某时间段某地域内处于使用过程中的全部水泥(铝)制品中所含水泥(铝)量。

其中,时间段可长可短:一年、一季或一月等均可;地域可大可小:一个洲、一个国家、一个省、一个市等均可。所谓水泥(铝)制品,是指各种人造的含水泥(铝)的制品,包括房屋建筑、基础设施、机器设备、交通工具、各类容器、生活用品等。

各种水泥(铝)制品的使用寿命都是有限的,因此凡是已报废或不再使用的水泥(铝)制品中所含的水泥(铝)量,均不再计入水泥(铝)在役量。

如附图 11.1 所示,设第 τ 年某国各种水泥(铝)制品的平均使用寿命为 $\Delta\tau$ 年,则在不考虑进出口贸易和库存量变化的前提下,第 τ 年该国的在役水泥(铝)量 S_τ 为

$$S_\tau = P_\tau + P_{\tau-1} + P_{\tau-2} + \cdots + P_{\tau-\Delta\tau+1} = \sum_{i=\tau-\Delta\tau+1}^{\tau} P_i \tag{F11-1}$$

式中,S_τ 为第 τ 年该国的在役水泥(铝)量,吨/年;P_τ、$P_{\tau-1}$、$P_{\tau-2}$、$\cdots$、$P_{\tau-\Delta\tau+1}$ 分别为第 τ 年、第 $(\tau-1)$ 年、第 $(\tau-2)$ 年、$\cdots$、第 $(\tau-\Delta\tau+1)$ 年该国的水泥(铝)产量,吨/年。

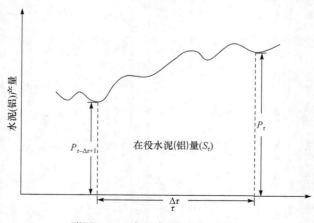

附图 11.1 在役水泥(铝)量示意图

式(F11-1)是第 τ 年该国在役水泥(铝)量的计算式；如果时间不是按年算、地域不是一个国家，那么式中各参数的量纲必须与之相符。

由式(F11-1)可知，在其他条件相同的情况下，延长水泥(铝)制品的平均使用寿命($\Delta\tau$ 值)，是增大在役水泥(铝)量的唯一途径。在国民经济运行过程中，提高 $\Delta\tau$ 值更是杜绝浪费，建设资源节约型、环境友好型社会的重要抓手。

F11.2　在役水泥(铝)量定义式的推演

根据式(F11-1)，有

$$S_{\tau+1} = P_{\tau+1} + P_\tau + P_{\tau-1} + \cdots + P_{\tau-\Delta\tau} \tag{F11-2}$$

式(F11-2)减去式(F11-1)，有

$$S_{\tau+1} = S_\tau + P_{\tau+1} - P_{\tau-\Delta\tau+1} \tag{F11-3}$$

F11.3　影响在役水泥(铝)量的因素

F11.3.1　水泥(铝)产量的影响

根据式(F11-1)可明显看出，水泥(铝)产量越高，在役水泥(铝)量越大，反之亦然。

F11.3.2　$\Delta\tau$ 对在役水泥(铝)量的影响

水泥(铝)产品平均使用寿命，是指用于各行各业的水泥(铝)制品平均使用寿命的加权平均值，一般用 $\Delta\tau$ 表示，从附图 11.1 中看出水泥(铝)产品平均使用寿命直接影响在役水泥(铝)量。一般情况下，在其他条件不变时，当水泥(铝)制品平均寿命延长时，某一年的在役水泥(铝)量将增多；反之，当水泥(铝)制品平均寿命缩短时，某一年的在役水泥(铝)量将减少。

附图 11.2 是第 τ 年在役水泥(铝)量与各年水泥(铝)产量之间的关系图。图中横坐标是水泥(铝)的生产年份，纵坐标是水泥(铝)产量；当水泥(铝)产品平均使用寿命为 $\Delta\tau$ 时，$ABCD$ 四边形面积代表第 τ 年的在役水泥(铝)量；当水泥(铝)产品平均使用寿命为 $\Delta\tau'$ 时，代表第 τ 年在役水泥(铝)量的是 $A'BCD'$ 四边形面积，而不是原来的 $ABCD$ 四边形面积了。

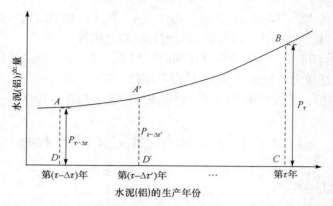

附图 11.2　第 τ 年在役水泥(铝)量与各年水泥(铝)产量之间的关系

通过各种措施可延长或缩短水泥(铝)产品的使用寿命，使 $\Delta\tau_{\tau+1}=\Delta\tau_\tau+x$。但是 x 的变化是受客观条件限制的。

若 $x=0$，则 $\Delta\tau_{\tau+1}=\Delta\tau_\tau$。

若 $x>0$，则 $0<x\leqslant 1$，不可能大于 1，因为再早一年的水泥(铝)已退役，不能"死而复生"。每一年可延长的水泥(铝)产品使用寿命最大为 1 年，即第 $(\tau-\Delta\tau+1)$ 年的水泥(铝)产量，经过一个生命周期 $\Delta\tau$ 后，到第 $(\tau+1)$ 年时均不报废，仍继续使用，此时才表明 $\Delta\tau_{\tau+1}=\Delta\tau_\tau+1$。

若 $x<0$，则 $0<|x|<\Delta\tau_\tau$，不可能大于 $\Delta\tau$，因为水泥(铝)产品寿命不可能为负，最小值就是 0。

附录十二　经济增长过程中的单位 GDP 水泥(铝)产量

F12.1　单位 GDP 水泥(铝)产量的定义式

单位 GDP 水泥(铝)产量的定义式为

$$T = \frac{P}{G} \tag{F12-1}$$

式中，P、G、T 分别是同一时间段、同一地域的水泥(铝)产量、GDP 和单位 GDP 水泥(铝)产量。

单位 GDP 水泥(铝)产量(T)指标是一个十分关键的参数，无论在水泥(铝)产量问题上，还是在水泥(铝)行业能耗、物耗、排放问题上，以及它们三者在全国所占的比重问题上，都是如此。这个参数理应成为人们关注的焦点。然而，实际情况并非如此。长期以来，人们对这个参数一直关注不够，研究工作更是几乎空白。有些文献对水泥(铝)产量问题有所论述，但关于单位 GDP 水泥(铝)产量指标鲜有文献加以论述。这种情况对于调控水泥(铝)产量，开展水泥(铝)行业的节能、降耗、减排工作，对于全面实施可持续发展战略都是极其不利的。

F12.2　单位 GDP 水泥(铝)产量定义式的变换

F12.2.1　一次变换

由式(F12-1)可知，第 τ 年某国单位 GDP 水泥(铝)产量的定义式为

$$T_\tau = \frac{P_\tau}{G_\tau} \tag{F12-2}$$

式中，T_τ 为第 τ 年该国的单位 GDP 水泥(铝)产量，吨/万元；P_τ 为第 τ 年该国的水泥(铝)产量，吨/年；G_τ 为第 τ 年该国的 GDP，万元/年。

本节将对式(F12-2)进行一次变换。

在变换过程中，先将式(F12-2)等号右侧的分子和分母都除以第 τ 年该国的在役水泥(铝)量，即除以 $(P_\tau + P_{\tau-1} + P_{\tau-2} + \cdots + P_{\tau-\Delta\tau+1})$，这样得到

$$T_\tau = \frac{P_\tau}{P_\tau + P_{\tau-1} + P_{\tau-2} + \cdots + P_{\tau-\Delta\tau+1}} \Bigg/ \frac{G_\tau}{P_\tau + P_{\tau-1} + P_{\tau-2} + \cdots + P_{\tau-\Delta\tau+1}} \quad \text{(F12-3)}$$

再令

$$\phi_\tau = \frac{P_\tau}{P_\tau + P_{\tau-1} + P_{\tau-2} + \cdots + P_{\tau-\Delta\tau+1}} \quad \text{(F12-4)}$$

$$H_\tau = \frac{G_\tau}{P_\tau + P_{\tau-1} + P_{\tau-2} + \cdots + P_{\tau-\Delta\tau+1}} \quad \text{(F12-5)}$$

则式(F12-3)变为

$$T_\tau = \frac{\phi_\tau}{H_\tau} \quad \text{(F12-6)}$$

式中，ϕ_τ 是第 τ 年该国水泥(铝)产量与在役水泥(铝)量之比，它是影响 T_τ 的水泥(铝)产量因子；H_τ 是第 τ 年该国 GDP 与在役水泥(铝)量之比，它是影响 T_τ 的 GDP 因子。

式(F12-6)是第 τ 年该国单位 GDP 水泥(铝)产量(T)定义式的一次变换式。

由式(F12-6)可见，在不考虑进出口贸易和库存量变化的条件下，影响 T_τ 的因素只有两个，一是 ϕ_τ，二是 H_τ。在 H_τ 为常数的条件下，T_τ 与 ϕ_τ 成正比，即 ϕ_τ 越大，T_τ 越大，反之亦然。在 ϕ_τ 为常数的条件下，T_τ 与 H_τ 成反比，即 H_τ 越大，T_τ 越小，反之亦然。

必须指出，H_τ 是宏观经济方面的一个指标。H_τ 的大小取决于产业结构、产品结构、技术水平、管理水平等。提高 H_τ 的途径是调整产业、产品结构，提高技术和管理水平。

此外还必须指出，式(F12-3)和式(F12-6)的适用范围较宽：在第 τ 年与第($\tau-\Delta\tau+1$)年之间，水泥(铝)产量无论怎样变化，这两个公式都是适用的，因为在上述变换过程中，从未在水泥(铝)产量的变化情况方面提出任何约束条件。因此，式(F12-3)和式(F12-6)是进一步研究 T_τ 的基础。

F12.2.2　二次变换

单位 GDP 水泥(铝)产量定义式的二次变换，是在一次变换的基础上进行的。本节将在以下三种特定条件(附图 12.1)下阐明该定义式的二次变换。

第一种特定条件：在第 τ 年与第($\tau-\Delta\tau+1$)年之间，水泥(铝)产量保持不变。

第二种特定条件：在第 τ 年与第($\tau-\Delta\tau+1$)年之间，水泥(铝)产量呈线性增长，且年增量不变。

第三种特定条件：在第 τ 年与第($\tau-\Delta\tau+1$)年之间，水泥(铝)产量呈指数增长，且年增长率不变。

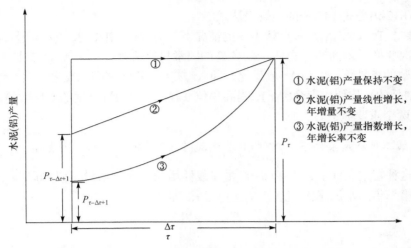

附图 12.1　水泥(铝)产量变化的三种特定条件

1. 第一种特定条件下，单位 GDP 水泥(铝)产量定义式的二次变换

在这种特定条件下，水泥(铝)产量保持不变：

$$P_\tau = P_{\tau-1} = \cdots = P_{\tau-\Delta\tau+1}$$

将上式代入式(F3-1)，得

$$S_\tau = \Delta\tau \times P_\tau \qquad\qquad (\text{F12-7})$$

再将式(F12-7)代入式(F12-3)，得

$$T_\tau = \frac{P_\tau}{H_\tau \times \Delta\tau \times P_\tau}$$

化简后得

$$T_\tau = \frac{1}{H_\tau \times \Delta\tau} \qquad\qquad (\text{F12-8})$$

式中，T_τ 为第 τ 年某国的单位 GDP 水泥(铝)产量，吨/万元；H_τ 为第 τ 年某国的单位水泥(铝)在役量产生的 GDP，万元/吨；$\Delta\tau$ 为第 τ 年某国水泥(铝)制品平均使用寿命，年。

式(F12-8)是在第 τ 年与第$(\tau-\Delta\tau+1)$年之间水泥(铝)产量保持不变情况下单位 GDP 水泥(铝)产量定义式的二次变换式。

式(F12-8)可改写成如下形式：

$$T_\tau = \frac{\phi_\tau}{H_\tau} \qquad\qquad (\text{F12-9})$$

式中，$\phi_\tau = \dfrac{1}{\Delta\tau}$ 是水泥(铝)产量不变情况下的水泥(铝)产量因子。

式(F12-9)是式(F12-8)的最终表达式。

总之，在水泥(铝)产量保持不变的情况下，对单位 GDP 水泥(铝)产量定义式进行二次变换后得到的看法是，影响 T_τ 的因素只有两个：一是 $\Delta\tau$，二是 H_τ。在 H_τ 为常数的条件下，T_τ 与 $\Delta\tau$ 成反比，即 $\Delta\tau$ 越大，T_τ 就越小，反之亦然。延长水泥(铝)制品的平均使用寿命($\Delta\tau$)，提高单位在役水泥(铝)量产生的 GDP(H_τ)，是降低 T_τ 的两个重要抓手。

2. 第二种特定条件下，单位 GDP 水泥(铝)产量定义式的二次变换

在这种特定条件下，水泥(铝)产量呈线性增长，且年增量(设为 k)不变。
设第一年的水泥(铝)产量($P_{\tau-\Delta\tau+1}$)为 P_1，即

$$P_{\tau-\Delta\tau+1} = P_1$$

则

$$P_{\tau-\Delta\tau+2} = P_1 + k$$
$$\cdots\cdots$$
$$P_{\tau-1} = P_1 + (\Delta\tau - 2)k$$
$$P_\tau = P_1 + (\Delta\tau - 1)k$$

将 $P_\tau, P_{\tau-1}, P_{\tau-2}, \cdots, P_{\tau-\Delta\tau+1}$ 代入式(F3-1)，得

$$S_\tau = \Delta\tau \times \left[P_1 + \frac{1}{2}(\Delta\tau - 1) \times k \right] \tag{F12-10}$$

再将式(F12-10)代入式(F12-3)，则得

$$T_\tau = \frac{P_1 + (\Delta\tau - 1)k}{H_\tau \times \Delta\tau \times \left[P_1 + \frac{1}{2}(\Delta\tau - 1) \times k \right]} \tag{F12-11}$$

式(F12-11)是在第 τ 年与第($\tau-\Delta\tau+1$)年之间水泥(铝)产量呈线性增长，且年增量不变情况下单位 GDP 水泥(铝)产量定义式的二次变换式。

式(F12-11)可改写成如下形式：

$$T_\tau = \frac{\phi_\tau}{H_\tau} \tag{F12-12}$$

式中，$\phi_\tau = \dfrac{P_1 + (\Delta\tau - 1)k}{\Delta\tau \times \left[P_1 + \frac{1}{2}(\Delta\tau - 1) \times k \right]}$，是水泥(铝)产量呈线性增长，且年增量不变情况下的水泥(铝)产量因子。

式(F12-12)是式(F12-11)的最终表达式。

总之，在水泥(铝)产量呈线性增长，且年增量不变的情况下，对单位 GDP 水泥(铝)产量定义式进行二次变换后，得到的看法是，影响 T_τ 的因素有三个：一是

$\Delta\tau$，二是 H_τ，三是 k。因此，减少拆迁房屋、豆腐渣工程、烂尾工程、废弃的违规建设项目、淘汰落后产能、天灾损毁的固定资产、事故损毁的固定资产等 7 种现象，延长水泥(铝)制品的平均使用寿命($\Delta\tau$)，提高单位在役水泥(铝)量所产生的 GDP(H_τ)，降低水泥(铝)产量的年增量(k)，是降低 T_τ 的重要抓手。

3. 第三种特定条件下，单位 GDP 水泥(铝)产量定义式的二次变换

在这种特定条件下，水泥(铝)产量呈指数增长，且年增长率(设为 p)不变。

设第一年的水泥(铝)产量($P_{\tau-\Delta\tau+1}$)为 P_1，即

$$P_{\tau-\Delta\tau+1} = P_1$$

则

$$P_{\tau-\Delta\tau+2} = P_1(1+p)$$

$$\cdots\cdots$$

$$P_{\tau-1} = P_1(1+p)^{\Delta\tau-2}$$

$$P_\tau = P_1(1+p)^{\Delta\tau-1}$$

将 $P_\tau, P_{\tau-1}, P_{\tau-2}, \cdots, P_{\tau-\Delta\tau+1}$ 代入式(F3-1)，得

$$S_\tau = \frac{P_1 \times [(1+p)^{\Delta\tau}-1]}{p} \tag{F12-13}$$

再将式(F12-13)代入式(F12-3)，则得

$$T_\tau = \frac{P_1(1+p)^{\Delta\tau-1}}{H_\tau \times \dfrac{P_1 \times [(1+p)^{\Delta\tau}-1]}{p}}$$

化简后得

$$T_\tau = \frac{p(1+p)^{\Delta\tau-1}}{H_\tau \times [(1+p)^{\Delta\tau}-1]} \tag{F12-14}$$

式(F12-14)是在第 τ 年与第($\tau-\Delta\tau+1$)年之间水泥(铝)产量呈指数增长，且年增长率不变情况下单位 GDP 水泥(铝)产量定义式的二次变换式。

式(F12-14)可改写成如下形式：

$$T_\tau = \frac{\phi_\tau}{H_\tau} \tag{F12-15}$$

式中，$\phi_\tau = \dfrac{p(1+p)^{\Delta\tau-1}}{(1+p)^{\Delta\tau}-1}$，是水泥(铝)产量呈指数增长，且年增长率不变情况下的水泥(铝)产量因子。

式(F12-15)是式(F12-14)的最终表达式。

　　总之，在水泥(铝)产量呈指数增长，且年增长率不变的情况下，对单位 GDP 水泥(铝)产量定义式进行二次变换后，得到的看法是，影响 T_τ 的因素有三个：一是 $\Delta\tau$，二是 H_τ，三是 p。延长水泥(铝)制品的平均使用寿命($\Delta\tau$)，提高单位水泥(铝)在役量产生的 GDP(H_τ)，降低水泥(铝)产量的年增长率(p)，是降低 T_τ 的重要抓手。

　　附图 12.2 所示为水泥(铝)产量呈指数增长，且年增长率不变情况下的水泥(铝)产量因子(ϕ)与水泥(铝)产量的年增长率(p)和水泥(铝)制品的平均使用寿命($\Delta\tau$)间的关系曲线。图中横坐标为水泥(铝)产量的年增长率 p，纵坐标为水泥(铝)产量因子 ϕ，每条曲线对应不同的水泥(铝)制品平均使用寿命 $\Delta\tau$。由图可见，随着水泥(铝)产量年增长率的提高，对应的水泥(铝)产量因子是逐步上升的。由附图 12.2 还可见，在同样的水泥(铝)产量年增长率情况下，$\Delta\tau$ 越小，对应的水泥(铝)产量因子越大，反之亦然。

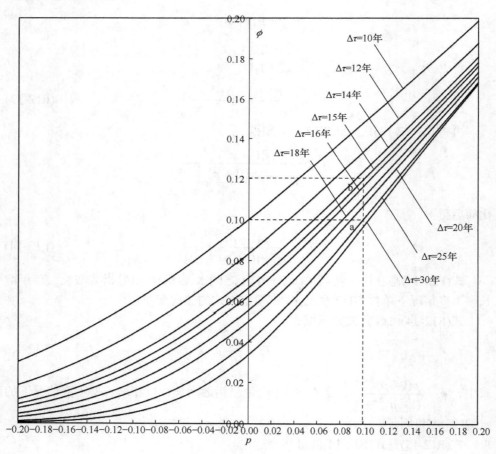

附图 12.2　$\phi=f(p,\Delta\tau)$图

F12.3　综合例题及启示

例 F12.1　若已知某年 a、b 两国的有关数据如下：

国家	水泥(铝)制品平均寿命 ($\Delta\tau$) / 年	在 $\Delta\tau$ 年内水泥(铝)产量年 增长率(p)	单位在役水泥(铝)量产生的 GDP(H)/(元/吨)
a	25	保持不变	H
b	15	0.10	$0.6H$

设该年 a、b 两国的 GDP 相等，问该年这两国水泥(铝)产量之比为多少？

解　计算该年 a、b 两国的 ϕ、T 及 P。

a 国：

按式(F12-4)、(F12-7)及已知数据，求得

$$\phi_a = \frac{P_a}{25 \times P_a} = 0.04$$

按式(F12-9)，有

$$T_a = 0.04 \times \frac{1}{H}$$

进而求得

$$P_a = G \times T_a = G \times 0.04 \times \frac{1}{H}$$

b 国：

已知 $\Delta\tau = 15$，$p = 0.10$，按式(F12-4)、式(F12-13)及已知数据(或由曲线图查得)求得 $\phi_b = 0.12$。

按式(F12-9)，有

$$T_b = 0.12 \times \frac{1}{0.6H}$$

进而求得

$$P_b = G \times T_b = G \times 0.2 \times \frac{1}{H}$$

计算该年 b、a 两国水泥(铝)产量之比。

$$\frac{P_b}{P_a} = \frac{G \times 0.20 \times \dfrac{1}{H}}{G \times 0.04 \times \dfrac{1}{H}} = 5.0$$

　　该年 b 国的水泥(铝)产量是 a 国的 5 倍，即如果该年 a 国的水泥(铝)产量是 1 亿吨，那么 b 国是 5 亿吨。

　　由此可见，水泥(铝)制品的平均使用寿命、水泥(铝)产量的年增长率及单位水泥(铝)在役量产生的 GDP 等因素对水泥(铝)产量具有重要影响。

附录十三　水泥(铝)行业的能耗、物耗和排放量

F13.1　水泥(铝)行业能耗、物耗和排放量方程

如前所述，一个国家或地区任何一年的水泥(铝)产量、GDP、单位 GDP 水泥(铝)产量之间具有如下关系：

$$P = G \times T$$

在上式等号两侧同乘以水泥(铝)行业的吨水泥(铝)平均能耗，或吨水泥(铝)平均物耗，或吨水泥(铝)平均排放量，可得到以下三式：

$$E = P \times e = G \times T \times e \tag{F13-1a}$$

$$M = P \times m = G \times T \times m \tag{F13-1b}$$

$$W = P \times w = G \times T \times w \tag{F13-1c}$$

式中，e、m、w 分别为水泥(铝)行业的吨水泥(铝)平均能耗、吨水泥(铝)平均物耗和吨水泥(铝)平均排放量；E、M、W 分别为水泥(铝)行业的能耗、物耗和排放量。

由式(F13-1a)、式(F13-1b)、式(F13-1c)可见，在 G、e、m、w 等值均为常数的条件下，水泥(铝)行业的能耗、物耗、排放量都与单位 GDP 水泥(铝)产量成正比，即 T 越大，E、M、W 均越大，反之亦然。

以下对 E、M、W 分别加以讨论。

F13.1.1　水泥(铝)行业能耗方程

基准年水泥(铝)行业的能耗为

$$E_0 = P_0 \times e_0 = G_0 \times T_0 \times e_0 \tag{F13-2a}$$

基准年以后第 n 年水泥(铝)行业的能耗为

$$
\begin{aligned}
E_n &= P_n \times e_n = G_n \times T_n \times e_n \\
&= G_0 (1+g)^n \times \frac{\phi_n}{H_n} \times e_n
\end{aligned}
\tag{F13-2b}
$$

可见，GDP 的年增长率 g，影响 ϕ、H 的各变量(见附录四内容)，吨水泥(铝)平均能耗 e 等都对水泥(铝)行业的能耗有重要影响。保持适度的 GDP 的年增长率 g、降低 ϕ、提高 H、降低单位产品能耗 e 等措施对于降低水泥(铝)行业的能耗具

有重要作用。

F13.1.2　水泥(铝)行业物耗方程

基准年水泥(铝)行业的物耗为

$$M_0 = P_0 \times m_0 = G_0 \times T_0 \times m_0 \tag{F13-3a}$$

基准年以后第 n 年水泥(铝)行业的物耗为

$$M_n = P_n \times m_n = G_n \times T_n \times m_n$$

$$= G_0(1+g)^n \times \frac{\phi_n}{H_n} \times m_n \tag{F13-3b}$$

可见，GDP 的年增长率 g，影响 ϕ、H 的各变量(见附录四内容)，吨水泥(铝)平均物耗 m 等都对水泥(铝)行业的物耗有重要影响。保持适度的 GDP 的年增长率 g、降低 ϕ、提高 H、降低单位产品物耗 m 等措施对于降低水泥(铝)行业的物耗具有重要作用。

F13.1.3　水泥(铝)行业排放量方程

基准年水泥(铝)行业的排放量为

$$W_0 = P_0 \times w_0 = G_0 \times T_0 \times w_0 \tag{F13-4a}$$

基准年以后第 n 年水泥(铝)行业的排放量为

$$W_n = P_n \times w_n = G_n \times T_n \times w_n$$

$$= G_0 \times (1+g)^n \times \frac{\phi_n}{H_n} \times w_n \tag{F13-4b}$$

可见，GDP 的年增长率 g，影响 ϕ、H 的各变量(见附录四内容)，吨水泥(铝)平均排放量 w 等都对水泥(铝)行业的排放有重要影响。保持适度的 GDP 的年增长率 g、降低 ϕ、提高 H、降低单位产品排放量 w 等措施对于降低水泥(铝)行业的排放具有重要作用。

F13.2　关于废物排放量的讨论

由前面分析可知，如果 w' 为吨水泥(铝)的废物产生量，X 为废物排放率，那么吨水泥(铝)排放量 w 可以表达为

$$w = w' \times X \tag{F13-5}$$

将式(F13-5)代入式(F13-1c)，得到

$$W = P \times w' \times X = G \times T \times w' \times X \tag{F13-6}$$

由式(F13-6)可见，对废物排放来说，即使废物产生量很大，但通过大幅度完善末端治理，是可以解决排放问题的。

但需指出：水泥(铝)产量(P)越大，末端治理的花费越高，降低 P 仍很重要。另外，有些情况下末端治理是无能为力的，如 CO_2、O_3、尾矿等。

附录十四 水泥(铝)行业相关基础数据

附表 14.1 我国在 1990～2015 年的有关基础数据

参数	1990 年	1991 年	1992 年	1993 年	1994 年	1995 年	1996 年	1997 年	1998 年	1999 年	2000 年	2001 年	2002 年
人口/万人	114333	115823	117171	118517	119850	121121	122389	123626	124761	125786	126743	127627	128453
GDP(G)/亿元(按当年价格)	18668	21782	26924	35334	48198	60794	71177	78973	84402	89677	99215	109655	120333
GDP(G)/亿元(以 2000 年为基准，不变价)	37529	40988	46763	53143	60117	65766	72413	79334	85149	91914	99776	107819	118112
GDP 规划值(G')/亿元(以 2000 年为基准，不变价)	36779	39932	43296	46937	50871	55101	59674	64603	69876	75506	81541	88003	94930
投资率/%	25.32	25.55	29.85	36.80	35.17	32.75	32.01	31.40	33.46	33.10	32.99	33.75	35.95
水泥产量(P)/亿吨	2	3	3	4	4	5	5	5	5	6	6	7	7
铝产量(P)/万吨	85	96	110	125	150	187	190	218	244	281	299	358	451
在役铝量(S)/万吨	728	810	908	1018	1148	1331	1513	1716	1936	2235	2584	2934	3309

参数	2003 年	2004 年	2005 年	2006 年	2007 年	2008 年	2009 年	2010 年	2011 年	2012 年	2013 年	2014 年	2015 年
人口/万人	129227	129988	130756	131448	132129	132802	133450	134091	134735	135404	136072	136782	137462
GDP(G)/亿元(按当年价格)	135823	159878	184937	216314	265810	314045	340903	401513	473104	519327	568845	636463	685506
GDP(G)/亿元(以 2000 年为基准，不变价)	130478	144140	159779	180995	207558	228431	247557	273149	297539	322873	345645	372606	398316
GDP 规划值(G')/亿元(以 2000 年为基准，不变价)	102356	110349	118968	128181	138093	148758	160213	172537	185809	200134	214543	232233	255243
投资率/%	40.69	43.85	47.75	50.54	51.24	54.56	64.98	61.55	64.34	70.15	75.90	80.49	80.46
水泥产量(P)/亿吨	9	10	11	12	14	14	16	19	21	22	24	25	23
铝产量(P)/万吨	596	669	781	936	1259	1318	1289	1624	1810	2030	2205	2438	2644
在役铝量(S)/万吨	3792	4300	4865	5506	6394	7258	8341	9424	10589	11996	13507	15080	16793

注：水泥产量数据由中国建筑材料联合会提供；铝产量数据来自《中国有色金属工业年鉴》。